普通高等教育"十三五"规划教材
国家新闻出版改革发展项目库入库项目
数据科学与大数据技术专业教材丛书

计算机视觉

双 锴 编著

U0282093

北京邮电大学出版社
www.buptpress.com

内 容 简 介

本书介绍关于计算机视觉的前沿问题,特别关注用深度学习方法解决图像理解方面的任务。在绪论部分,本书回顾了计算机视觉近几十年的发展历程,总览现代计算机视觉的研究内容。本书第 2～4 章包含计算机视觉的基础知识的讲解,涉及图像处理、机器学习以及深度学习的基础知识,为后续章节的内容提供了必要的先验知识。本书第 5～8 章讲述图像理解的几大基础任务,包括物体识别、目标检测、语义分割、图片描述以及图片生成,包含相关领域最为经典的案例和计算机视觉领域许多前沿的研究。除讲解计算机视觉的理论知识外,本书还加入各个算法的具体实现思路,书中包含许多可以动手实验的开源代码的入口。使用深度学习方法处理图像理解任务在本书中有了全面而系统的讲述。

图书在版编目(CIP)数据

计算机视觉 / 双锴编著 . -- 北京:北京邮电大学出版社,2020.1(2025.1重印)

ISBN 978-7-5635-5946-6

Ⅰ. ①计… Ⅱ. ①双… Ⅲ. ①计算机视觉 Ⅳ. ①TP302.7

中国版本图书馆 CIP 数据核字(2019)第 280389 号

书　　名:计算机视觉
作　　者:双　锴
责任编辑:刘　颖
出版发行:北京邮电大学出版社
社　　址:北京市海淀区西土城路 10 号(100876)
发 行 部:电话:010-62282185　传真:010-62283578
E-mail:publish@bupt.edu.cn
经　　销:各地新华书店
印　　刷:保定市中画美凯印刷有限公司
开　　本:787 mm×1 092 mm　1/16
印　　张:11.5
字　　数:283 千字
版　　次:2020 年 1 月第 1 版　2025 年 1 月第 3 次印刷

ISBN 978-7-5635-5946-6　　　　　　　　　　　　　　　　定价:39.00 元

这是一本关于使用深度学习方法处理计算机视觉任务的教材,书中涵盖计算机视觉关于图像理解的各个任务,内容的实时性强,涉及近几年深度学习浪潮下出现的新技术。笔者试图用尽可能少的公式推导和通俗易懂的语言描述,使读者能对现代计算机视觉技术有一个直观的认识。这是一本适合高年级本科生和研究生入门计算机视觉的教材,也可供相关领域的工程技术人员参阅。

作为计算机视觉领域普及类教材,本书从基本的视觉色彩原理到神经网络模型,再到卷积模型与具体应用,对计算机视觉领域的知识进行了较为系统的介绍,对计算机视觉领域的学习具有较大的帮助与指引作用。全书共分为 8 个章节,前 4 章介绍了图像处理和深度学习的基础知识,建议初学者全面阅读;第 5～8 章各章节相对独立,内容包括图像分类、目标检测等任务,读者可根据自己的兴趣和需要选择性阅读。

书中每个章节都提供了一些精选的思考题。这些思考题不仅能帮助读者回顾本章的基础知识,更重要的是引导读者对本章的知识点进行思考。对于一般课程,这些习题相对足够。为了给学有余力的读者进一步提升的空间,建议在授课时选择性地辅以编程大作业,把知识融汇贯通到实践中可以加深对知识的理解。

本书在编著时尽可能涵盖计算机视觉图像理解的各个任务,同时在讲解现代计算机视觉技术时尽可能直白,为的是让读者能够快速入门计算机视觉,使读者能够对计算机视觉有一个直观的认识,这就导致笔者无法兼顾一些具体的技术细节,同时计算机视觉的发展日新月异,书中的一些叙述难免有些过时,更多的内容需要读者深入阅读。本书在这些地方用 * 号做了标注,为读者提供扩展阅读的材料,便于感兴趣的读者进一步了解。

对于一些英文专业术语,译为中文术语更便于读者理解时,笔者提供了中文翻译,而大部分的英文术语,笔者未做翻译,一是由于意译的结果往往不统一,二是这样可以使读者在日后进一步阅读文献时更加熟悉此类术语。

目前随着人工智能领域的极速发展,计算机视觉也成为研究的热门,大量的研究推动着该领域的进步。作为该领域的研究者之一,由于时间和精力有限,笔者难以对计算机视觉的各个方面都有精深的理解,书中难免有谬误之处,欢迎细心的读者指出。

双　锴
2019 年 4 月于北京邮电大学

目　录

第1章

绪　论

本章思维导图

　　作为人类,我们可以轻松感知周围的三维世界。相比之下,不管近年来计算机视觉已经取得多么令人瞩目的成果,要让计算机能像人类那样理解和解释图像,却仍然是一个遥远的梦想。为什么计算机视觉会成为如此富有挑战性的难题? 它的发展历史与现状又是怎样的? 本章将对计算机视觉的发展简史及应用现状进行介绍。

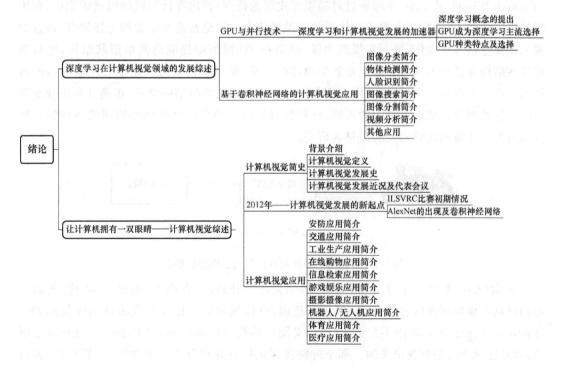

1.1 计算机视觉简史

都说"眼睛是心灵的窗口",乍一听觉得只是一个很好听的比喻,但仔细想想,视觉对于人类的重要性是不言而喻的。现代的科学研究也表明,人类的学习和认知活动有 80%～85% 都是通过视觉完成的。也就是说,视觉是人类感受和理解这个世界的最主要的手段。在当前机器学习成为热门学科的背景下,人工智能领域自然也少不了视觉的相关研究,这即是本书将要介绍的计算机视觉。

计算机视觉(Computer Vision)顾名思义是一门"教"会计算机如何去"看"世界的学科。计算机视觉与自然语言处理(Natural Language Process,NLP)及语音识别(Speech Recognition)并列为机器学习方向的三大热点方向。而计算机视觉也由诸如梯度方向直方图(Histogram of Gradient,HOG)以及尺度不变特征变换(Scale-Invariant Feature Transform,SIFT)等传统的手动提取特征(Hand-Crafted Feature)与浅层模型的组合(如图 1-1 所示)逐渐转向了以卷积神经网络(Convolutional Neural Network,CNN)为代表的深度学习模型。然而计算机视觉正式成为一门学科,则要追溯到 1963 年美国计算机科学家拉里·罗伯茨在麻省理工大学的博士毕业论文"Machine Perception of Three-Dimensional Solids"[1]。加拿大科学家大卫·休伯尔(David Hubel)和瑞典科学家托斯坦·维厄瑟尔(Torsten Wiesel)从 1958 年起通过对猫视觉皮层的研究,提出在计算机的模式识别中,和生物的识别类似,边缘是用来描述物体形状的关键信息。拉里在论文中根据上述研究,通过对输入图像进行梯度操作,进一步提取边缘,然后在 3D 模型中提取出简单形状结构,之后利用这些结构像搭积木一样去描述场景中物体的关系,最后获得从另一角度看图像物体的渲染图。在拉里的论文中,从二维图像恢复图像中物体的三维模型的尝试,正是计算机视觉和传统图像处理学科思想上最大的不同:计算机视觉的目的是让计算机理解图像的内容。所以这算是与计算机视觉相关的最早的研究。

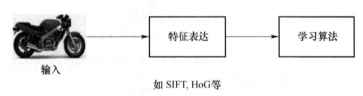

图 1-1 传统的手动提取特征与浅层模型的组合

20 世纪 70 年代:从有了计算机视觉的相关研究开始,一直到 20 世纪 70 年代,人们关心的热点都偏向图像内容的建模,如三维建模、立体视觉等。比较有代表性的弹簧模型[2](Pictorial Structure,如图 1-2 所示)和广义圆柱体模型(Generalized Cylinder,如图 1-2 所示)就是在这个时期被提出来的。那个时期将视觉信息处理分为三个层次:计算理论、表达和算法、硬件实现。在如今看来,或许有些不合理,但是却将计算机视觉作为了一门正式学科的研究。而且其方法论到今天仍然是表达和解决问题的好向导。

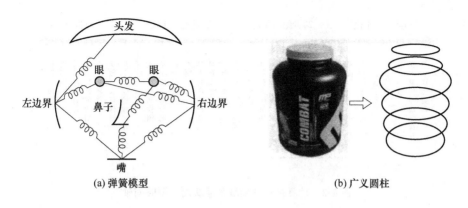

(a) 弹簧模型　　　　　　　　　　　(b) 广义圆柱

图 1-2　弹簧模型与广义圆柱

20 世纪 80 年代：在视觉计算理论提出后，计算机视觉在 20 世纪 80 年代进入了最蓬勃发展的一个时期。主动视觉理论和定性视觉理论等都在这个时期被提出，这些理论认为人类的视觉重建过程并不是马尔理论中那样直接，而是主动的、有目的性和选择性的。同时从 20 世纪 80 年代起，这个学科开始慢慢脱胎于神经科学，更多偏重计算和数学的方法开始发展起来，相关的应用也变得更加丰富。著名的图像金字塔和 Canny 边缘检测算法在这个时期被提出，图像分割和立体视觉的研究在这个时期也蓬勃发展，当然还有和本书更紧密的基于人工神经网络的计算机视觉研究，尤其是模式识别的研究也伴随着人工神经网络的第一次复兴变得红火起来。

20 世纪 90 年代：进入 20 世纪 90 年代，伴随着各种机器学习算法的全面开花，机器学习开始成为计算机视觉，尤其是识别、检测和分类等应用中一个不可分割的重要工具。各种识别和检测算法迎来了大发展。尤其是人脸识别在这个时期迎来了一个研究的小高潮。各种用来描述图像特征的算子也不停地被发明出来，如耳熟能详的 SIFT[3] 算法就是在 20 世纪 90 年代末被提出的。另外伴随着计算机视觉在交通和医疗等工业领域的应用越来越多，其他一些的基础视觉研究方向，如跟踪算法、图像分割等，在这个时期也有了一定的发展。

21 世纪：进入 21 世纪之后，计算机视觉已经俨然成为计算机领域的一个大学科。国际计算机视觉与模式识别会议（IEEE Conference on Computer Vision and Pattern Recognition, CVPR）和 ICCV 等会议已经是人工智能领域，甚至是整个计算机领域内的大型盛会，甚至出现了一些新的子方向，如计算摄影学（Computational Photography）等。在传统的方向上基于特征的图像识别成了一个大热门，斯坦福大学的李飞飞教授牵头创立了一个非常庞大的图像数据库 ImageNet。ImageNet 里包含 1 400 万张图像，超过 20 000 个类别。基于这个数据库，自 2010 年开始，每年举办一次的大规模视觉识别挑战比赛（ImageNet Large Scale Visual Recognition Challenge, ILSVRC），采用了 ImageNet 里 1 000 个子类目的超过 120 万张图片作为数据，参赛者来自世界各国的大学、研究机构和公司，成为了计算机视觉领域最受关注的事件之一。图 1-3 为计算机视觉领域最活跃的主题时间轴。

图 1-3　计算机视觉领域最活跃的主题时间轴

若想详细了解论文"Machine Perception of Three-Dimensional Solids",请扫描书右侧的二维码。

论文"Machine Perception of Three-Dimensional Solids"

1.2　2012 年——计算机视觉发展的新起点

ILSVRC 举办的前两年,各种"手工设计特征+编码+SVM"框架下的算法一直是该项比赛的前几名。ILSVRC 的分类错误率的标准是让算法选出最有可能的 S 个预测,如果有一个是正确的,则算通过,如果都没有预测对,则算错误。2010 年 ILSVRC 的冠军是 NEC 的余凯带领的研究组,错误率达到了 28%。2011 年施乐欧洲研究中心的小组将这个成绩提高到了 25.7%。

2012 年,Hinton 的小组也参加了竞赛,主力选手是 Hinton 的一名研究生 Alex Krizhevsky。在这一年的竞赛上,Alex 提出了一个 5 卷积层+2 全连接层的卷积神经网络 AlexNet[4],并利用 CUDA 给出了实现,这个算法将前 5 类错误率从 25.7% 降到了 15.3%。在之前的 ImageNet 竞赛中,哪怕只有一个百分点的提升都是很不错的成绩,而深度学习第一次正式应用在图像分类竞赛就取得了 10 个百分点的改进,并且完胜第二名(26.2%)。这在当时对传统计算机视觉分类算法的冲击是不言而喻的。现在概括起来,当时的改进主要有以下 3 点:更深的网络结构、校正线性单元(Rectified Linear Unit,ReLU)、Dropout 等方法的应用、GPU 训练网络。

尽管在当年许多传统计算机视觉的学者仍然对 AlexNet 抱有种种质疑,如算法难以解释、参数过多(实际上比许多基于 SVM 的办法参数少)等,但自从 2012 年后,ImageNet 的参赛者几乎全体转向了基于卷积神经网络的深度学习算法,或者可以说计算机视觉领域全体转向了深度学习。基于深度学习的检测和识别、基于深度学习的图像分割、基于深度学习的立体视觉等如雨后春笋般发展起来。深度学习,尤其是卷积神经网络,就像一把万能的大杀器,在计算机视觉的各个领域开始发挥作用。

ImageNet 竞赛及数据集相关信息

若想详细了解 ImageNet 竞赛及数据集相关信息,请扫描书右侧的二维码。

1.3　计算机视觉应用

前面已经提到过深度学习在图像分类中的亮眼表现与应用潜力,那么当今计算机视觉在人类世界中又有哪些应用的空间与可能呢? 本节将举几类例子来看看现实生活中都有哪些地方用到了计算机视觉。

(1) 安防

安防是最早应用计算机视觉的领域之一。人脸识别和指纹识别在许多国家的公共安全系统里都有应用,因为公共安全部门拥有真正意义上最大的人脸库和指纹库。常见的应用有利用人脸库和公共摄像头对犯罪嫌疑人进行识别和布控。例如,利用公共摄像头捕捉到的画面,在其中查找可能出现的犯罪嫌疑人,用超分辨率技术对图像进行修复,并自动或辅助人工进行识别以追踪犯罪嫌疑人的踪迹;将犯罪嫌疑人照片在身份库中进行检索以确定犯罪嫌疑人身份也是常见的应用之一;移动检测也是计算机视觉在安防中的重要应用,利用摄像头监控画面移动用于防盗或者劳教和监狱的监控。

(2) 交通

提到交通方面的应用,一些开车的朋友们一定立刻就想到了违章拍照,利用计算机视觉技术对违章车辆的照片进行分析提取车牌号码并记录在案,这是大家都熟知的一项应用。此外很多停车场和收费站也用到车牌识别。除车牌识别外,还有利用摄像头分析交通拥堵状况或进行隧道桥梁监控等技术,但应用并没有那么广泛。前面说的是道路应用,针对汽车和驾驶的计算机视觉技术也有很多,如行人识别、路牌识别、车辆识别、车距识别,还有更进一步的也即是近两年突然火起来的无人驾驶等。计算机视觉技术在交通领域虽然有很多研究,但因为算法性能或实施成本等因素,目前真正能在实际应用中发挥作用的仍然不多,交通领域仍是一个有着巨大空间的领域。

(3) 工业生产

工业领域也是最早应用计算机视觉技术的领域之一。例如,利用摄像头拍摄的图片对部件长度进行非精密测量;利用识别技术识别工业部件上的缺陷和划痕等;对生产线上的产品进行自动识别和分类用来筛选不合格产品;通过不同角度的照片重建零部件三维模型。

(4) 在线购物

例如,淘宝和京东的拍照购物功能。事实上计算机视觉在电商领域的应用还有更多。图片信息在电商商品列表中扮演着信息传播最重要的角色,尤其是在手机上。当我们打开购物 App 时,最先最快看到的信息一定是图片。而为了让每一位用户都能看到最干净、有效、赏心悦目的图片,电商背后的计算机视觉就成了非常重要的技术。几乎所有的电商都有违规图片检测的算法,用于检测一些带有违规信息的图片。在移动网络主导的时代,一个手机 App 的一个页面能展示图片数量非常有限,如果搜索一个商品返回的结果里有重复图片出现,则是对展示画面的巨大浪费,于是重复图片检测算法发挥了重要的作用。对于第三方商家,一些商家在商品页面发布违规或是虚假宣传的文字很容易被检测,这个时候文字识别(Optical Character Recognition, OCR)就成了保护消费者利益的防火墙。除保护消费者利益外,计算机视觉技术也在电商领域里保护着一些名人的利益,一些精通 Photoshop 的商家常常把明星的脸放到自己的商品广告中,人脸识别便成了打击这些行为的一把利剑。

（5）信息检索

搜索引擎可以利用文字描述返回用户想要的信息,图片也可以作为输入来进行信息的检索。最早做图片搜索的是一家老牌网站 Tineye,上传图片就能返回相同或相似的结果。后来随着深度学习在计算机视觉领域的崛起,Google 和百度等公司也推出了自己的图片搜索引擎,只要上传自己拍摄的照片,就能从返回的结果中找到相关的信息。

（6）游戏娱乐

在游戏娱乐领域,计算机视觉的主要应用是在体感游戏,如 Kinect、Wii 和 PS4 等。在这些游戏设备上会用到一种特殊的深度摄像头,用于返回场景到摄像头距离的信息,从而用于三维重建或辅助识别,这种办法比常见的双目视觉技术更加可靠实用。此外就是手势识别、人脸识别、人体姿态识别等技术,用来接收玩家指令或和玩家互动。

（7）摄影摄像

数码相机诞生后,计算机视觉技术就开始应用于消费电子领域的照相机和摄像机上。最常见的就是人脸,尤其是笑脸识别,不需要再喊"茄子",只要露出微笑就会捕捉下美好的瞬间。新手照相也不用担心对焦不准,相机会自动识别出人脸并对焦。手抖的问题也在机械技术和视觉技术结合的手段下,得到了一定程度上的控制。近些年一个新的计算机视觉子学科——计算摄影学的崛起,也给消费电子领域带来了新玩意——"光场相机"。有了光场相机甚至不需要对焦,拍完之后回家慢慢选对焦点,聚焦到任何一个距离上的画面都能一次捕捉到。除图像获取外,图像后期处理也有很多计算机视觉技术的应用,如 Photoshop 中的图像分割技术和抠图技术,高动态范围（High Dynamic Range,HDR）技术用于美化照片,利用图像拼接算法创建全景照片等。

（8）机器人/无人机

机器人和无人机中主要利用计算机视觉和环境发生互动,如教育或玩具机器人利用人脸识别和物体识别对用户和场景做出相应的反应。无人机也是近年来火热的一个领域。用于测量勘探的无人机可以在很低成本下采集海量的图片用于三维地形重建;用于自动物流的无人机利用计算机视觉识别降落地点,或者辅助进行路线规划;用于拍摄的无人机,目标追踪技术和距离判断等可以辅助飞行控制系统做出精确的动作,用于跟踪拍摄或自拍等。

（9）体育

高速摄像系统已经普遍用于竞技体育中。球类运动中结合时间数据和计算机视觉的进球判断、落点判断、出界判断等。基于视觉技术对人体动作进行捕捉和分析也是一个活跃的研究方向。

（10）医疗

医学影像是医疗领域中一个非常活跃的研究方向,各种影像和视觉技术在这个领域中至关重要。计算断层成像（Computed Tomography,CT）和磁共振成像（Magnetic Resoiiance Imaging,MRI）中重建三维图像,并进行一些三维表面渲染都有涉及一些计算机视觉的基础手段。细胞识别和肿瘤识别用于辅助诊断,一些细胞或者体液中小型颗粒物的识别，还可以用来量化分析血液或其他体液中的指标。在医疗影像领域有一个国际医学影像计算与计算机辅助介入会议（International Conference on Medical Image Computing and Computer Assisted Intervention，MICCAI），每年会议上都会有许多计算机视觉在医疗领域的创新，它是一个非常有影响力的会议。

1.4　GPU 与并行技术——深度学习和计算机视觉发展的加速器

深度学习的概念其实很早便有了，但早期方方面面的因素制约了其发展，其中一个很重要的方面就是计算能力的限制。相对其他许多传统的机器学习方法，深度神经网络本身就是一个消耗计算量的大户。由于多层神经网络本身极强的表达能力，对数据量也提出了很高的要求。如图 1-4 所示，一个普遍被接受的观点是，深度学习在数据量较少时，和传统算法差别不大，甚至有时候传统算法更胜一筹。而在数据量持续增加的情况下，传统的算法往往会出现性能上的"饱和"，而深度学习则会随着数据的增加持续提高性能。所以大数据和深度神经网络的碰撞才擦出了今天深度学习的火花，而大数据更加大了对计算能力的需求。在 GPU 被广泛应用到深度学习训练之前，计算能力的低下限制了对算法的探索和实验，以及在海量数据上进行训练的可行性。

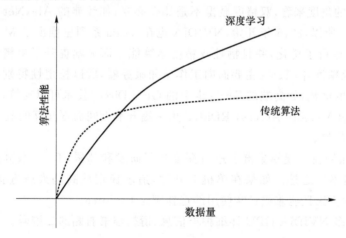

图 1-4　深度学习和传统机器学习算法对数据的依赖关系

从 20 世纪 80 年代开始人们就开始使用专门的运算单元负责对三维模型形成的图像进行渲染。不过直到 1999 年 NVIDTA 发布 GeForce 256 时，才正式提出了 GPU 的概念。在早期的 GPU 中，显卡的作用主要是渲染，但因为很强的并行处理能力和少逻辑重计算的属性，从 2000 年开始就有不少科研人员开始尝试用 GPU 来加速通用高密度、大吞吐量的计算任务。2001 年，通用图形处理器（General-Purpose computing on CPU，GPGPU）的概念被正式提出。2002 年，多伦多大学的 James Fung 发布了 Open VIDIA，利用 GPU 实现了一些计算机视觉库的加速，这是第一次正式将 GPU 用到了渲染以外的用途上。到了 2006 年，NVIDIA 推出了利用 GPU 进行通用计算的平台 CUDA，让开发者不用再和着色器/OpenGL 打交道，而更专注于计算逻辑的实现。这时，GPU 无论是在带宽还是浮点运算能力都已经接近同时期 CPU 能力的 10 倍,而 CUDA 的推出一下降低了 GPU 编程的门槛,于是 CUDA 很快就流行开并成为 GPU 通用计算的主流框架。后来深度学习诞生了,鉴于科研界对 GPU 计算的一贯偏爱,自然开始有人利用 GPU 进行深度网络的训练。之后的事情前面也讲到了,GPU 助 Alex 一战成名,同时也成为训练深度神经网络的标配。

除 NVIDIA 外,ATI(后被 AMD 收购)也是 GPU 大厂商。事实上 ATI 在 GPU 通用计算领域的探索比 NVIDIA 还早,但也许是因为投入程度不够(或其他原因),被 NVIDIA 占尽先机,尤其是后来在深度学习领域。

了解 GPU 领域的风云变幻后,接下来看一些实际的问题:如何选购一块做深度学习的GPU? 一提到用于深度学习的 GPU,很多人立刻会想到 NVIDIA 的 Tesla 系列。实际上根据使用场景和预算的不同,选择是可以很多样化的。NVTDIA 主要有 3 个系列的显卡、GeForce、Quadro 和 Tesla。GeForce 面向游戏,Quadro 面向 3D 设计、专业图像和 CAD 等,而 Tesla 则是面向科学计算。

Tesla 从诞生之初就瞄准高精度科学运算。所以 Tesla 严格意义上来说不是块显卡,而是计算加速卡。由于 Tesla 开始面向的主要是高性能计算,尤其是科学计算,在许多科学计算领域(如大气等物理过程的模拟中)对精度的要求非常高,所以 Tesla 设计的双精度浮点数的能力比 GeForce 系列强很多。例如,GTX Titan 和 K40 两块卡,GTX Titan 的单精度浮点数运算能力是 K40 的 1.5 倍,但是双精度浮点数运算能力却只有 K40 的不到 15%。不过从深度学习的角度来看,双精度显得不是那么必要,如经典的 AlexNet 就是两块 GTX 580 训练出来的。所以,2016 年开始,NVIDIA 也在 Tesla 系列里推出了 M 系列加速卡,专门针对深度学习进行了优化,并且牺牲双精度运算能力而大幅提升了单精度运算的性能。前面也提到了,除精度外,Tesla 主要面向工作站和服务器,所以稳定性特别好,同时也会有很多针对服务器的优化,如高端的 Tesla 卡上的 GPU Direct 技术可以支持远程直接内存访问(Remote Direct Memory Access,RDMA)用来提升节点间数据交互的效率。当然,Tesla 系列价格也更加昂贵。

综上所述,如果在大规模集群上进行深度学习研发和部署,Tesla 系列是首选,尤其是 M 和 P 子系列是不二之选。如果在单机上开发,追求稳定性高的人就选择 Tesla。而最有性价比且能兼顾日常使用的选择则是 GeForce。

若要了解更多 NVIDIA GPU 详细种类信息,请扫描书右侧的二维码。

NVIDIA GPU 详细种类信息

1.5　基于卷积神经网络的计算机视觉应用

和计算机关联最紧密的深度学习技术是卷积神经网络。本节列举一些卷积神经网络发挥重要作用的计算机视觉的方向。

(1) 图像分类

图像分类,顾名思义,是一个输入图像,输出对该图像内容分类的描述的问题。它是计算机视觉的核心,实际应用广泛。如图 1-5 所示,在图中一个图像分类模型给出将一个图片分配给 4 个类别(cat,dog,hat,mug)标签的概率。如图 1-5 所示,图片被表示成一个大的三维数字矩阵。在下面的例子中,图像分类的最终目标是转换这个数字矩阵到一个单独的标签,如"Cat"。图片分类的任务是对于一个给定的图片,预测其类别标签。

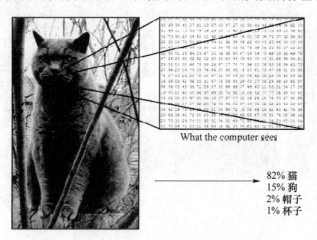

What the computer sees

82% 猫
15% 狗
2% 帽子
1% 杯子

图 1-5　图像分类示例

图像分类的传统方法是特征描述及检测,这类传统方法可能对于一些简单的图像分类是有效的,但由于实际情况非常复杂,传统的分类方法不堪重负。现在,我们不再试图用代码来描述每一个图像类别,转而使用机器学习的方法处理图像分类问题。处理图像分类的主要任务是给定一个输入图片,将其指派到一个已知的混合类别中的某一个标签。当前不管是最开始的 MNIST 数字手写体识别,还是后来的 ImageNet 数据集,基于深度学习的图像分类在特定任务上早就超过了人的平均水平。本书第 5 章对图像分类任务的主流方法作了详细介绍。

（2）物体检测

物体检测和图像分类差不多,也是计算机视觉里最基础的两个方向。它和图像分类的侧重点不同,物体检测要稍微复杂一些,关心的是什么东西出现在了什么地方及其相关属性,是一种更强的信息。如图 1-6 所示,经过物体检测,我们得到的信息不仅是照片中包含车辆和人等,还得到了每一样检测到的类别的多种信息,以方框的形式展现出来。

和图像分类相比,物体检测传达信息的能力更强。例如,要分类猫和狗的图片,如果图像中既有猫又有狗该怎么分类呢? 这时候如果用分类,则是一个多标签分类问题;如果用物体检测,则物体检测会进一步告诉我们猫在哪,狗在哪。在物体检测领域以基于 Region Proposal 的 R-CNN 及后续的衍生算法,以及基于直接回归的 YOLO/SSD 一系的算法为代表。这两类算法都是基于卷积神经网络,借助的不仅仅是深度网络强大的图像特征提取和分类能力,也会用到神经网络的回归能力。本书第 6 章对物体检测任务的主流方法作了详细介绍。

（3）人脸识别

在计算机视觉里人脸识别的研究历史悠久。与我们的生活最相关的应用有两个方面:第一个是检测图像中是否存在人脸,这个应用和物体检测很像,主要应用有数码相机中对人脸的检测,网络或手机相册中对人脸的提取等;第二个是人脸匹配,有了第一个方面或是其他手段把人脸部分找到后,人脸的匹配才是一个更主流的应用。主要的思想是把要比对的

图 1-6　物体检测示例

两个人脸之间的相似度计算出来。传统的计算相似度的方法称为度量学习（metric learning）。其基本思想是，通过变换，让变换后的空间中定义为相似的样本距离更近，不相似的样本距离更远。基于深度学习也有相应的方法，比较有代表性的是 Siamese 网络和 Triplet 网络，当然广义上来说都可以算是度量学习。有了这种度量，可以进一步判断是否是一个人。这就是身份辨识，广泛用于罪犯身份确认、银行卡开卡等场景。

人脸领域最流行的测试基准数据是 LFW（Labeled Faces in the Wild），顾名思义就是从实拍照片中标注的人脸。该图片库由美国麻省理工学院开发，约 13 000 多张图片，其中有 1 680 人的脸出现了两次或两次以上。在这个数据上，人类判断两张脸是否是同一人能达到的准确率为 99.2%。而在深度学习大行其道之后，自 2014 年起这个记录已经被各种基于深度学习的方法打破。虽然这未必真的代表深度学习胜过了人类，但基于深度学习的人脸算法让相关应用的可用性大大提高。如今人脸识别相关的商业应用已经遍地开花。

（4）图像搜索

狭义来说，图像搜索还有个比较学术的名字是"基于内容的图片检索"（Content Based Image Retrieval，CBIR）。图像搜索是个比较复杂的领域，除单纯的图像算法外，还带有搜索和海量数据处理的属性。其中图像部分背后的重要思想之一和人脸识别中提到的度量学习很像，也是要找到和被搜图像的某种度量最近的图片。最常见的应用有 Google 的 Reverse Image Search 和百度的识图功能、京东和淘宝的拍照购物及相似款推荐等。深度学习在其中的作用主要是把图像转换为一种更适合搜索的表达，并且考虑到图像搜索应用场景和海量数据，这个表达常常会哈希/二值化处理，以达到更高的检索/排序效率。

（5）图像分割

图像分割是个比较传统的视觉应用，指的是以像素为单位将图像划分为不同部分，这些部分代表着不同的兴趣区域。如图 1-8 所示的例子，经过图像分割后，各个物体在画面中所占的像素被标了出来，和背景有了区分。

图 1-7　LFW 数据库图片示例

图 1-8　图像分割示例

传统的图像分割算法五花八门,如基于梯度和动态规划路径的 Intelligent Scissors (Photoshop 中的磁力套索);利用高一维空间的超曲面解决当前空间轮廓的水平集(Level Set)方法;直接聚类的 K-means;后期很流行的基于能量最小化的 GraphCut/GrabCut 和随机场的 CRF（Conditional Random Field）等。

后来深度学习出现了，和传统方法相比，深度学习未必能做到很精细的像素级分割。但是因为深度学习具有能学到大量样本中的图像语义信息的天然优势，这更贴近于人对图像的理解，所以分割的结果可用性通常也更好一些。常见的基于深度学习的图像分割手段是全卷积神经网络（Fully Convolutional Networks，FCN）。Facebook 的人工智能实验室（Facebook Artificial Intelligence Research，FAIR）于 2016 年发布了一套用于分割＋物体检测的框架。其构成是一个大体分割出物体区域的网络 DeepMask，加上利用浅层图像信息精细图像分割的 SharpMask，最后是一个 MultiPathNet 模块进行物体检测。其实在这背后也体现出学界和业界开始慢慢流行起的另一个很底层的思想：就是图像分割和物体检测背后其实是一回事，不应该分开来研究。对照物体检测和图像分类的关系，图像分割传达的是比物体检测更进一步的信息。本书第 6 章对图像分割任务的主流方法作了详细介绍。

（6）视频分析

因为和图像的紧密联系，视频当然少不了深度学习的方法。深度学习在图像分类任务上大行其道之后，视频分析的研究立刻就跟进了上来，比较有代表性的工作从 2014 年起相继出现。2014 年的 CVPR 上，斯坦福大学的李飞飞组发表了一篇视频识别的论文。其基本思路是用视频中的多帧作为输入，再通过不同的顺序和方式将多帧信息进行融合。其方法并没什么特别出彩的地方，但随着论文发布了 Sport-1M 数据集，包含了 Youtube 上 487 类共计 113 万个体育视频，是目前最大的视频分类数据集。

在 2014 年的 NIPS 上，牛津大学传统视觉强组 VGG（Visual Geometry Group）发表了一篇更经典的视频分析的文章，将图像的空间信息，也就是画面信息，用一个称为 Spatial Stream ConvNet 的网络处理，而视频中帧之间的时序信息用另一个称为 Temporal Stream ConvNet 的网络处理，最后融合称为 Two Streams，直译就是二流法。这个方法后来被改来改去，发展出了更深网络的双流法，以及更炫融合方式的双流法，甚至是除双流外还加入音频流的三流法。不过影响最大的改进还是马里兰大学和 Google 的一篇论文，其对时序信息进行了处理和改进，加了 LSTM 以及改进版二流合并的方法，成为了主流框架之一。

因为视频有时间维度，所以还有一个很自然的想法是用三维卷积去处理视频帧，这样自然能将时序信息包括进来，这也是一个流行的思路。

（7）生成对抗网络

深度学习包括监督学习、非监督学习和半监督学习。生成对抗网络 GANs 已经成为非监督学习中重要的方法之一，其相对于自动编码器和自回归模型等非监督学习方法具有能充分拟合数据、速度较快、生成样本更锐利等优点。GANs 模型的理论研究进展很迅速，原始 GANs 模型通过 MinMax 最优化进行模型训练；条件生成对抗网络 CGAN 为了防止训练崩塌将前置条件加入输入数据；深层卷积生成对抗网络 DCGAN 提出了能稳定训练的网络结构，更易于工程实现；InfoGAN 通过隐变量控制语义变化；EBGAN 从能量模型角度给出了解释；Improved GAN 提出了使模型训练稳定的五条经验；WGAN 定义了明确的损失函数，对 G&D 的距离给出了数学定义，较好地解决了训练坍塌问题。GANs 模型在图片生成、图像修补、图片去噪、图片超分辨、草稿图复原、图片上色、视频预测、文字生成图片、自然语言处理和水下图像实时色彩校正等方面获得了广泛的应用。本书第 8 章对生成对抗模型及其应用作了详细介绍。

（8）图像描述

图像描述（Image Caption）任务是结合 CV 和 NLP 两个领域的一种比较综合的任务，Image Caption 模型的输入是一幅图像，输出是对该幅图像进行描述的一段文字。这项任务要求模型可以识别图片中的物体、理解物体间的关系，并用一句自然语言表达出来。应用场景为比如用户在拍了一张照片后，利用图像描述技术可以为其匹配合适的文字，方便以后检索或省去用户手动配字；此外它还可以帮助视觉障碍者去理解图像内容。类似的任务还有视频描述，输入是一段视频，输出是对视频的描述。本书第 7 章对图像描述任务的主流方法作了详细介绍。

其他应用：除上面提到的这些应用外，传统图像和视觉领域里很多方向现在都有了基于深度学习的解决方案，包括视觉问答、图像深度（立体）信息提取等，在此就不详述了。

1.6　全书章节简介

本书作为计算机视觉领域普及类教材，从基本的视觉色彩原理到神经网络模型，再到之后的卷积模型与具体应用，对计算机视觉领域的知识进行了较为系统的介绍，对计算机视觉领域的入门具有较大的帮助与指引作用。全书共分为 8 个章节，第 1、2 章介绍了基础的图像色彩表示及传统特征提取方法；第 4 章介绍了当前计算机视觉领域主要依托的深度学习神经网络方法及卷积、循环神经网络；第 5～8 章由浅入深地介绍了当前计算机视觉领域涉及的图像分类、目标检测与分割、图片描述与关系识别及生成对抗网络等主要任务及算法。

本章思考题

（1）图中为四种不同类型的机器学习/神经网络方法，请问该图的横坐标与纵坐标分别表示什么含义？

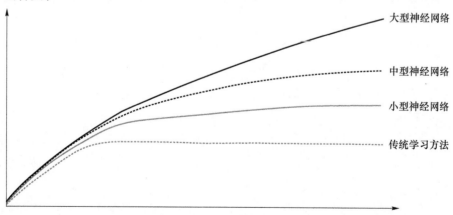

（2）深度学习空前繁荣，请问主要原因有哪些？

（3）判断题：图像属于结构化数据，因为在计算机中它可以使用数组进行结构化的表示（　　）。

（4）下列说法正确的有（　　）。

A. 减小训练集的规模通常不会影响算法的性能，并且能够对其提供有效的帮助

B. 减小神经网络的规模通常不会影响算法的性能，并且能够对其提供有效的帮助

C. 增加训练集的规模通常不会影响算法的性能，并且能够对其提供有效的帮助

D. 增加神经网络的规模通常不会影响算法的性能，并且能够对其提供有效的帮助

本章参考文献

［1］ ROL-XTS L G. Machine Perception of Three—Dimension Solids[J]. Tippctt J T. in O, 1.

［2］ FELZENSZWALB P F, HUTTENLOCHER D P. Pictorial structures for object recognition[J]. International journal of computer vision，2005，61(1)：55-79.

［3］ LOWE D G. Distinctive image features from scale-invariant keypoints[J]. International journal of computer vision，2004，60(2)：91-110.

［4］ KRIZHEVSKY A，SUTSKEVER I，HINTON G E. Imagenet classification with deep convolutional neural networks[C]. Advances in neural information processing systems. 2012：1097-1105.

第 2 章

图像的表示

本章思维导图

本章主要介绍了色彩和图像的基础知识,这些内容与计算机视觉有紧密的关系,是后续章节的基础。首先介绍了与图像有关的色彩学基础,包括电磁波谱、三基色原理和彩色模型;接着介绍了图像数字化的表示方法和有关概念,包括采样、量化和图像的性质;最后介绍了图像的预处理方法,包括灰度化、几何变换和图像增强。

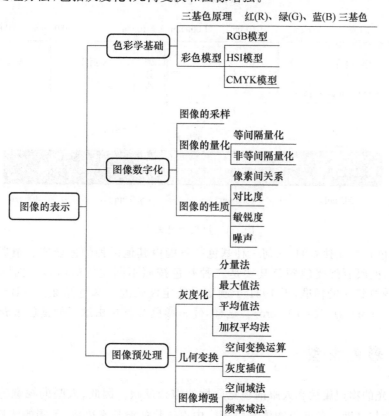

2.1　色彩学基础

色彩是光的一种属性,没有光就没有色彩。在光的照射下,人们通过眼睛感觉各种物体的色彩,这些色彩是人眼特性和物体客观特性的综合效果。在太阳光的照射下,人们可以看到五彩缤纷的大自然景物,因此要研究图像处理就需要先了解色彩学相关的基础。

2.1.1　三基色原理

在中学的物理课本中有棱镜的试验,白光通过棱镜后被分解成多种颜色逐渐过渡的色谱,颜色依次为红、橙、黄、绿、青、蓝、紫,这就是可见光谱。其中人眼对红、绿、蓝最为敏感,这是由于人眼的视网膜上存在大量能在适当亮度下分辨颜色的锥状细胞,它们分别对应红、绿、蓝三种颜色。因此,红(R)、绿(G)、蓝(B)这三种颜色被称为三基色。

图 2-1 所示为可见光电磁波谱。

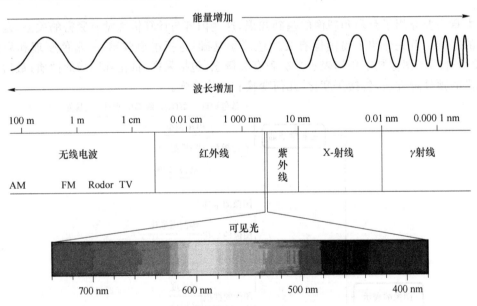

图 2-1　可见光电磁波谱

三种基色是相互独立的,任何一种基色都不能由其他两种颜色合成。根据人眼的三基色吸收特性,人眼所感受的颜色其实是三种基色按照不同比例的组合。国际照明委员会(CIE)为了建立统一的标准,于 1931 年制定了特定波长的三基色标准:蓝(B=435.8 nm)、绿(G=546.1 nm)、红(R=700 nm)。这样,任一彩色 C 均可由这三种基色来表示。

2.1.2　彩色模型

颜色是光的物理属性和人眼的视觉属性的综合反映。因此,人眼的视觉感受颜色包括色度、饱和度与亮度。色度由物体反射光线中占优势的波长来决定,不同的波长产生不同的颜色感觉,如红、橙、黄、绿、青、蓝、紫等。它是彩色最为重要的属性,是决定颜色本质的基本特性,可以用来表示颜色的种类。颜色饱和度是指一个颜色的鲜明程度,由颜色中混入白光的数量决定。饱和度越高,颜色越深,如深红、深绿等。在物体反射光的组成中,白光越少,色饱和度越大;颜色中的白色或灰色越多,其饱和度就越小。亮度是指光波作用于感受器所发生的效应,其大小是由物体反射系数来决定的,反射系数越大,物体的亮度越大,反之越小。

　　由于颜色具有不同的主观和客观特性,即使相同的颜色,在主观感受(人眼视觉)和客观效果方面也是大不相同的。为了科学地定量描述和使用颜色,人们提出了各种颜色模型。目前常用的颜色模型按用途可分为两类:一类面向视频监视器、彩色摄像机和打印机等硬件设备;另一类面向以彩色处理为目的的应用,如动画中的彩色图形。面向硬件设备的最常用彩色模型是 RGB 模型(使用红(R)、绿(G)、蓝(B)三原色的亮度来定量表示颜色),而面向彩色处理的最常用模型是 HSI 模型(HSI 模型是从人的视觉系统出发,用色调(Hue)、饱和度(Saturation)和亮度(Intensity)来描述色彩)。另外,在印刷工业上的电视信号传输中,经常使用 CMYK 和 YUV 色彩系统。

　　在常用的数字图像处理算法中,若直接对 RGB 模型中的 R、G、B 分别进行处理,其过程中很可能会引起 3 个量不同程度的变化,进而在由 RGB 模型描述的图像中引起色差问题,甚至在颜色上出现很大程度的失真。人们在此基础上提出了 HSI 模型,它的出现使得能够在保持色彩无失真的情况下处理图像。通过先将 RGB 模型转化为 HSI 模型,得到相关性较小的色调、饱和度和亮度,然后对其中的亮度分量进行处理,再转化为 RGB 模型,这样就能够有效地避免由于直接对 RGB 分量进行处理产生的图像失真。图 2-2 所示为常见彩色图像处理流程,其中包括 RGB 模型和 HSI 模型之间的转换。关于彩色模型更详细的讲解请扫描右侧二维码。

图像处理中常见的彩色模型

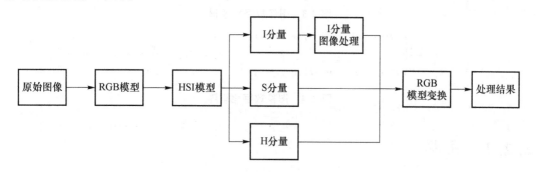

图 2-2　常见彩色图像处理流程

2.1.3　小结

　　本节的色彩学介绍了图像处理方面所需要的最基础的颜色表示,从光的电磁波谱到三基色原理,再到常见的彩色模型,把看得见摸不着的颜色用一种科学的方法表示出来,同时建立了一种能够用数学表达的模型,这就为计算机能够处理图像提供了最基本的数学前提。

2.2 图像的数字化

一般而言,一个完整的图像处理系统输入和显示的都是便于人眼观察的物理图像(模拟图像),而物理图像(模拟图像)是不能直接用数字计算机来处理的。首先必须将各类图像(如照片、图形、X 光照片等)转化为数字图像。

图像数字化即将图像转化为数字图像,就是把图像分割成称为像素的小区域,每个图像的亮度或灰度值用一个整数来表示。图像数字化的过程如图 2-3 表示。数字化后的图像可以用矩阵表示,如图 2-4 表示。

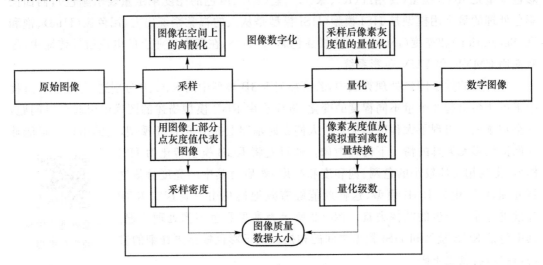

图 2-3 图像数字化过程

$$f(x,y) \xrightarrow{\text{采样}} \begin{pmatrix} f(x_0,y_0) & \cdots & f(x_0,y_{N-1}) \\ \vdots & & \vdots \\ f(x_{M-1},y_0) & \cdots & f(x_{M-1},y_{N-1}) \end{pmatrix} \longrightarrow [f(i,j)]_{M\times N} \xrightarrow{\text{量化}} [f_l(i,j)]_{M\times N}$$

图 2-4 图像数字化矩阵

2.2.1 采样

将空间上连续的图像变成离散点的操作称为采样。也就是用空间上部分点的灰度值代表图像,这些点称为采样点。由于图像基本上是采取二维平面信息的分布方式来描述的,为了对它进行采样操作,需先进行二维信号到一维信号的转变,再对一维信号进行采样。也就是说,将二维采样转换成两次一维采样操作来实现。具体做法是:先沿垂直方向按一定间隔从上至下按顺序沿水平方向直线扫描,取出各个水平线上灰度值的一维扫描,然后再对一维扫描线信号按一定间隔的时间间隔采样得到离散信号,即通过垂直与水平两个方向上的采样操作完成。经过采样得到的二维离散信号的最小单位称为像素。一幅图像采样后,若每行像素为 N,每列像素为 M,则图像大小为 $M \times N$ 像素。可见,想要得到更清晰的图像,就

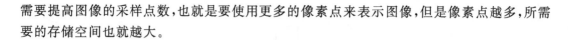

需要提高图像的采样点数,也就是要使用更多的像素点来表示图像,但是像素点越多,所需要的存储空间也就越大。

2.2.2 量化

模拟图像经过采样后得到的像素值(即灰度值)仍然是连续变化的,不能用计算机进行处理。图像处理中另一个重要的名词叫量化,即将图像函数的连续数值转变为其数字等价量的过程。大部分数字图像处理仪器都采用 k 个等间隔的量化方式。如果用 b 位来表示像素亮度的数值,那么亮度阶就是 $k=2^b$。通常采用每个像素每个通道(一般分为红、绿、蓝三通道)8 位的表示方式。数字图像中亮度值的计算机表示,需要 8 位、4 位或 1 位,也就是说计算机存储的每个字节分别可以相应存储 1 个、2 个或 8 个像素的亮度。

如果量化级别不够,图像就会出现仿轮廓的现象,这种情况一般是由于灰度级小于人类能够轻易分辨出的量级造成的。

连续灰度值量化为灰度级的方法有两种:一种是等间隔量化;另一种是非等间隔量化。等间隔量化就是简单地将图像函数值域分成若干个子区间,然后取各子区间的中点作为该区间对应的量化值,并将所有子区间的量化值用整数进行编码,这些编码为量化结果,称为图像的灰度级。对于像素灰度值在黑-白范围分布较均匀的图像,这种量化方法可以得到较小的量化误差,该方法也称为均匀量化或线性量化。

但并非所有的图像的像素灰度值都是在黑-白范围内均匀分布的,为了减小量化误差,提出了非均匀量化的方法。非均匀量化是根据一幅图像具体的灰度值分布的概率密度函数,按总的量化误差最小的原则来进行量化的。对灰度值出现频率高的范围,可以选用较窄的量化区间;对一些灰度值出现频率较低的范围,可以选择较宽的量化区间。

2.2.3 图像的性质

图像经过采样和量化之后就变成了计算机能够处理的数字形式,具备了计算机处理的基本条件。为了对数字图像有更好的理解,为图像处理做好准备,下面介绍数字图像的基本性质。

2.2.4 像素间的关系

1. 像素的相邻和邻域

图像中的像素的相邻和邻域有 3 种。

(1) 4 邻域

设相对于图像显示坐标系的图像中的像素 P 位于 (x,y) 处,则 p 在水平方向和垂直方向相邻的像素最多可有 4 个,其坐标分别为

$$(x-1,y),(x,y-1),(x,y+1),(x+1,y)$$

由这 4 个像素组成的集合称为像素 p 的 4 邻域,记为 $N_4(p)$。像素的 4 邻域如图 2-5 所示。

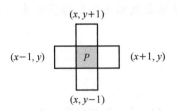

图 2-5　像素的 4 邻域

（2）4 对角邻域

设相对于图像显示坐标系的图像中的像素 P 位于 (x,y) 处,则 p 在对角相邻的像素最多可有 4 个,其坐标分别为

$$(x-1,y-1),(x-1,y+1),(x+1,y-1),(x+1,y+1)$$

由这 4 个像素组成的集合称为像素 p 的 4 对角邻域,记为 $N_D(p)$。像素的 4 对角邻域如图 2-6 所示。

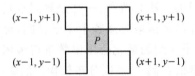

图 2-6　像素的 4 对角邻域

（3）8 邻域

把像素 p 的 4 对角邻域像素和 4 邻域像素组成的集合称为像素 p 的 8 邻域,记为 $N_8(p)$。像素的 8 邻域如图 2-7 所示。

图 2-7　像素的 8 邻域

2. 像素间距离的度量

像素间的距离有以下几种度量方式,示例如图 2-8 所示(图中的数字表示数字所处像素位置与 0 所处位置的距离)。

```
            3                          3             3 3 3 3 3 3 3
     2.8 2.2  2  2.2 2.8            3  2  3          3 2 2 2 2 2 3
     2.2 1.4  1  1.4 2.2         3  2  1  2  3       3 2 1 1 1 2 3
  3   2   1   0   1   2   3      3  2  1  0  1  2  3 3 2 1 0 1 2 3
     2.2 1.4  1  1.4 2.2         3  2  1  2  3       3 2 1 1 1 2 3
     2.8 2.2  2  2.2 2.8            3  2  3          3 2 2 2 2 2 3
            3                          3             3 3 3 3 3 3 3
           $D_E$                      $D_4$              $D_8$
           (a)                        (b)                (c)
```

图 2-8　像素距离示例

(1) 欧氏距离 D_E：

$$D_E[(i,j),(h,k)] = \sqrt{(i-h)^2 + (j-k)^2} \tag{2-1}$$

根据式(2-1)的距离度量,所有距像素点 (x,y) 的欧氏距离小于或等于 D_E 的像素都包含在以 (x,y) 为中心,以 D_E 为半径的圆平面中。

欧氏距离的优点是直观且显然,缺点是平方根的计算费时且数值可能不是整数。

(2) 街区距离 D_4：

$$D_4[(i,j),(h,k)] = |i-h| + |j-k| \tag{2-2}$$

距离表示在数字栅格(即像素)上从起点移动到终点所需的最少的基本步数。如果只允许横向和纵向的移动,则得到距离 D_4，D_4 也称为街区距离,因为它类似于在具有栅格关街道的封装房子块的城市里的两个位置的距离。

(3) 棋盘距离 D_8：

$$D_8[(i,j),(h,k)] = \max\{|i-h| + |j-k|\} \tag{2-3}$$

在数字栅格中如果允许对角线方向的移动,则得到距离 D_8，D_8 常称为棋盘距离。距离 D_8 等于国王在棋盘上从一处移动到另一处所需的步数。

3. 像素的连通性

连通性是描述区域和边界的重要概念,用于研究像素之间的基本关系,是研究和描述图像的基础。确定图像中两个像素是否连通有两个条件:一是确定它们是否存在某种意义上的相邻;二是确定它们的灰度值是否相等,或是否满足某个特定的相似性准则。

(1) 4 连通:对于具有值 V 的像素 p 和 q,如果 q 在集合 $N_4(p)$ 中,则称这两个像素是 4 连通的。

(2) 8 连通:对于具有值 V 的像素 p 和 q,如果 q 在集合 $N_8(p)$ 中,则称这两个像素是 8 连通的。

(3) m 连通:对于具有值 V 的像素 p 和 q,如果 q 在集合 $N_4(p)$ 中或 q 在集合 $N_D(p)$ 中,并且 $N_4(p)$ 与 $N_4(q)$ 的交集为空(没有值 V 的像素),则称两个像素是 m 连通的,即 4 连通和 D 连通的混合连通。

2.2.5　对比度

对比度是亮度的局部变化,定义为物体亮度的平均值与背景亮度的比值。人的眼睛对亮度的敏感性成对数关系,意味着对于同样的感知,高亮度需要高的对比度。表观上的亮度很大程度上取决于局部背景的亮度,这种现象被称为条件对比度。

2.2.6　敏锐度

敏锐度是觉察图像细节的能力。人类的眼睛对于图像平面中的亮度的缓慢和快速变化敏感度差一些,而对于其间的中等变化较为敏感。敏锐度也随着离光轴的距离增加而降低。图像的分辨率受制于人眼的分辨能力,用比观察者所具有的更高的分辨率来表达视觉信息是没有意义的。光学中的分辨率定义为如下的最大视角的倒数:观察者与两个最近的他所能够区分的点之间的视角。

2.2.7 图像中的噪声

实际的图像常受一些随机误差的影响而退化,通常称这个退化为噪声。在图像的捕获、传输或处理过程中都可能出现噪声,噪声可能依赖于图像内容,也可能与其无关。噪声一般由其概率特征来描述。

理想的噪声称作白噪声。白噪声是具有常量的功率谱,也就是说噪声在所有频率上出现且强度相同。白噪声是常用的模型,作为退化的最坏估计,不过它可以简化计算。

白噪声的一个特例是高斯噪声。服从高斯(正态)分布的随机变量具有高斯曲线型的概率密度。在一维的情况下,概率密度函数是

$$p(x) = \frac{1}{\sigma\sqrt{2\pi}} e^{\frac{-(x-\mu)^2}{2\sigma^2}} \tag{2-4}$$

其中,μ,σ 分别是随机变量的均值和标准差。在很多实际情况下,噪声可以很好地用高斯噪声来近似。

当图像通过信道传输时,噪声一般与出现的图像信号无关。这种独立于信号的退化被称为加性噪声,可以用下列模型来表示

$$f(x,y) = g(x,y) + v(x,y) \tag{2-5}$$

其中,噪声 v 和输入图像 g 是相互独立的变量。

计算噪声贡献的所有平方和:

$$E = \sum_{(x,y)} v^2(x,y) \tag{2-6}$$

计算观察到的信号的所有平方和:

$$F = \sum_{(x,y)} f^2(x,y) \tag{2-7}$$

所以可以定义信噪比 $\mathrm{SNR} = \dfrac{F}{E}$。信噪比常用对数尺度来表示,单位为分贝:

$$\mathrm{SNR}_{dB} = 10\lg\mathrm{SNR} \tag{2-8}$$

乘性噪声:噪声的幅值通常与信号本身的幅值有关。量化噪声:会在量化级别不足时出现,这种情况下会出现仿轮廓。冲击噪声:指一幅图像被个别噪声像素破坏,这些像素的亮度与其邻域的显著不同。

2.2.8 小结

本节介绍了图像在计算机中是如果存储和如何表示的,同时介绍了由此引出的图像在数字化后的一些基本性质,包括像素间关系、对比度、敏锐度以及图像中的噪声,这些性质都是在之后的图像处理中需要经常用到的基本性质。

2.3 图像预处理

图像分析中,图像质量的好坏直接影响识别算法的设计与效果的精度,因此在图像分析

（特征提取、分割、匹配和识别等）前，需要进行预处理。图像预处理的主要目的是消除图像中无关的信息，恢复有用的真实信息，增强有关信息的可检测性，最大限度地简化数据，从而改进特征提取、图像分割、匹配和识别的可靠性。图像预处理技术就是对图像进行正式处理前所做的一系列操作。

一般的处理流程：灰度化→几何变换→图像增强。下面分别详细介绍这三个基本流程。

2.3.1　灰度化

现在大部分的彩色图像都是采用 RGB 颜色模式，实际上 RGB 并不能反映图像的形态特征，只是从光学的原理上进行颜色的调配。对彩色图像进行处理时，我们往往需要对三个通道依次进行处理，时间开销将会很大。因此，为了达到提高整个应用系统的处理速度的目的，需要减少所需处理的数据量。在图像处理中，常用的灰度化方法有：分量法、最大值法、平均值法、加权平均法。

（1）分量法

将彩色图像中的三分量的亮度作为三个灰度图像的灰度值，可根据应用需要选取一种灰度图像。

$$\begin{cases} \mathrm{Gray}_1(i,j) = R(i,j) \\ \mathrm{Gray}_2(i,j) = G(i,j) \\ \mathrm{Gray}_3(i,j) = B(i,j) \end{cases} \tag{2-9}$$

（2）最大值法

使 R、G、B 的值等于三个值中最大的一个，用最大值法对彩色图像进行灰度化处理会使图像的整体亮度增强。

$$\mathrm{Gray}(i,j) = \max\{R(i,j), G(i,j), B(i,j)\} \tag{2-10}$$

（3）平均值法

对 R、G、B 求出平均值，采用平均值法对彩色图像进行灰度化处理会形成比较柔和的灰度图像。

$$\mathrm{Gray}(i,j) = \frac{R(i,j) + G(i,j) + B(i,j)}{3} \tag{2-11}$$

（4）加权平均法

根据重要性及其他指标，将三个分量以不同的权值进行加权平均。由于人眼对绿色的敏感最高，对蓝色敏感最低，因此，按式（2-12）对 RGB 三分量进行加权平均能得到较合理的灰度图像。

$$\mathrm{Gray}(i,j) = 0.299 * R(i,j) + 0.578 * G(i,j) + 0.114 * B(i,j) \tag{2-12}$$

2.3.2　几何变换

图像几何变换又称为图像空间变换，通过平移、转置、镜像、旋转、缩放等几何变换对采集的图像进行处理，用于改正图像采集系统的系统误差和仪器位置（成像角度、透视关系乃至镜头自身原因）的随机误差。几何变换不改变图像的像素值，只是在图像平面上进行像素的重新安排。一个几何变换需要两部分运算:首先是空间变换所需的运算,如平移、旋转和镜像等,需要用它来表示输出图像与输入图像之间的(像素)映射关系。此外,还需要使用灰度插值算法,因为按照这种变换关系进行计算,输出图像的像素可能被映射到输入图像的非整数坐标上。通常采用的方法有最近邻插值、双线性插值和双三次插值。

(1) 最邻近插值:最简单的插值方法是最近邻插值,即选择离它所映射到的位置最近的输入像素的灰度值为插值结果,即输出的像素灰度值就是图像中预期最邻近的像素的灰度值。这种方法的运算量非常小,但是变换后图像的灰度值有明显的不连续性,能够放大图像中的高频分量,产生明显的块状效应。

(2) 双线性插值:双线性插值输出像素的灰度值是该像素在输入图像中 2×2 邻域采样点的平均值,利用周围四个相邻像素的灰度值在垂直和水平两个方向上做线性插值。这种方法和最近邻插值法相比,计算量稍有增加,变换后图像的灰度值没有明显的不连续性,但双线性插值具有低通滤波器特质,使高频信号受损,图像轮廓模糊。

(3) 双三次插值:双三次插值利用三次多项式来逼近理论上的最佳正弦插值函数,其插值邻域的大小为 4×4,计算时用到周围 16 个相邻像素的灰度值,这种方法的计算量是最大的,但能克服前两种插值方法的缺点,计算精度较高。

图 2-9 展示了基本的几何变换方法,(x,y) 表示输出图像坐标,(v,w) 表示输入图像坐标。

变换名称	仿射矩阵T	坐标公式	例子
恒等变换	$\begin{bmatrix} 1 & 0 & 0 \\ 0 & 1 & 0 \\ 0 & 0 & 1 \end{bmatrix}$	$x = v$ $y = w$	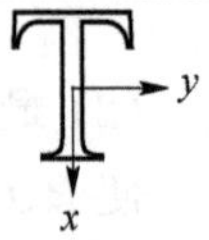
尺度变换	$\begin{bmatrix} c_x & 0 & 0 \\ 0 & c_y & 0 \\ 0 & 0 & 1 \end{bmatrix}$	$x = c_x y$ $y = c_y w$	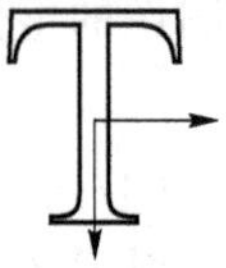
旋转变换	$\begin{bmatrix} \cos\theta & \sin\theta & 0 \\ -\sin\theta & \cos\theta & 0 \\ 0 & 0 & 1 \end{bmatrix}$	$x = v\cos\theta - w\sin\theta$ $y = v\sin\theta + w\cos\theta$	
平移变换	$\begin{bmatrix} 1 & 0 & 0 \\ 0 & 1 & 0 \\ t_x & t_y & 1 \end{bmatrix}$	$x = v + t_x$ $y = w + t_y$	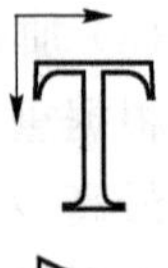
(垂直)偏移变换	$\begin{bmatrix} 1 & 0 & 0 \\ s_v & 1 & 0 \\ 0 & 0 & 1 \end{bmatrix}$	$x = vs_v + w$ $y = w$	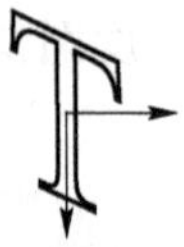
(水平)偏移变换	$\begin{bmatrix} 1 & s_k & 0 \\ 0 & 1 & 0 \\ 0 & 0 & 1 \end{bmatrix}$	$x = v$ $y = s_k v + w$	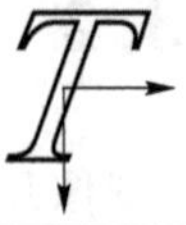

图 2-9　几何变换示例

2.3.3　图像增强

增强图像中的有用信息可以是一个失真的过程,其目的是改善图像的视觉效果,针对给定图像的应用场合,有目的地强调图像的整体或局部特性,将原来不清晰的图像变得清晰或强调某些感兴趣的特征,扩大图像中不同物体特征之间的差别,抑制不感兴趣的特征,改善图像质量,丰富信息量,加强图像判读和识别效果,满足某些特殊分析的需要。图像增强算法可分成两大类:空间域法和频率域法。注意:

(1) 图像增强处理并不能增加原始图像的信息,只能增强对某种信息的辨别能力,而这种处理肯定会损失其他信息。

(2) 图像增强强调根据具体应用而言,更好、更有用的视觉效果图像。

(3) 图像增强处理最大的困难——增强后图像质量的好坏主要依靠人的主观视觉来评定,也就是说难以定量描述。

1. 空间域法

空间域法是一种直接图像增强算法,分为点运算算法和邻域增强算法。点运算算法即灰度级校正、灰度变换(又叫对比度拉伸)和直方图修正等。邻域增强算法分为图像平滑和锐化两种。平滑常用算法有均值滤波、中值滤波、空域滤波。锐化常用算法有梯度算子法、二阶导数算子法、高通滤波、掩模匹配法等。

(1) 空域变换增强(对应点运算算法)

点运算也即对比度增强、对比度拉伸或灰度变换,是对图像中的每一个点单独地进行处理,目的或使图像成像均匀,或扩大图像动态范围,扩展对比度。新图像的每个像素点的灰度值仅由相应输入像点运算,只是改变了每个点的灰度值,而没有改变它们的空间关系。空域变化增强分为灰度变换、直方图均衡化、直方图规定化。

① 灰度变换

灰度求反:对图像求反是将原图灰度值翻转(黑变白,白变黑,普通黑白底片和照片的关系)。

增强对比度:增强图像对比度实际是增强原图的各部分的反差。

动态图像压缩:有时原图的动态范围太大,超出某些显示设备的允许动态范围,这时直接使用原图则一部分细节可能丢失。解决的办法是对原图进行灰度压缩。

灰度切分(和增强对比度类似):目的与增强对比度相仿,是要将某个灰度值范围变得比较突出。如将某段灰度值突出,而将其余灰度值变为某个低灰度值。

② 直方图均衡化

基本思想:把原始图像的直方图变换成均匀分布的形式,增加图像灰度值的动态范围,从而达到增强图像整体对比度的效果。本质是扩大了量化间隔,而量化级别反而减少了。

作用:把给定图像的直方图分布改成均匀直方图的分布,使输出像素灰度的概率密度均匀分布。直观地说,会导致对比度增加。

局限性:具体增强效果不易控制,处理的结果总是得到全局均衡化的直方图。

缺点:

a. 变换后图像的灰度级减少,某些细节消失。

b. 某些图像,如直方图有高峰,经处理后对比度过分增强。

c. 原来灰度不同的像素经处理后可能变得相同,形成一片相同灰度的区域,各区域之间有明显的边界,从而出现了伪轮廓。

③ 直方图规定化

前面提到了直方图均衡化,它是对图像的灰度值作了全局均匀化处理,而直方图规定化则是有选择地增强某个灰度值范围的对比度,即可人为地控制灰度值的分布。

(2) 空域滤波增强(对应邻域增强算法)

邻域增强算法分为图像平滑和锐化两种。平滑一般用于消除图像噪声,但是也容易引起边缘的模糊,常用算法有均值滤波、中值滤波;锐化的目的在于突出物体的边缘轮廓,便于目标识别,常用算法有梯度法、算子、高通滤波、掩模匹配法、统计差值法等。空域变换增强是强调对图像整体进行调整,空域滤波增强强调对图像局部进行改善(比如增强边缘和纹理信息)。

① 平滑滤波

平滑滤波能减弱或消除图像中高频率的分量,但不影响低频率的分量。因为高频分量对应图像中的区域边缘等灰度值具有较大、变化较快的部分,平滑滤波将这个分量滤除可以减少局部灰度的起伏,使图像变得平滑。经常用于模糊处理和减小噪声。

a. 线性平滑滤波:线性平滑滤波所用的卷积模板均为正值,分为邻域平均和加权平均两种。

邻域平均:将原图中一个像素的灰度值和它周围邻近的像素的灰度值相加,然后将求得的平均值作为新图中该像素的灰度值。设 $f(i,j)$ 为给定的含有噪声的图像,经过邻域平均处理后的图像为 $g(i,j)$,则

$$g(i,j) = \frac{\sum f(i,j)}{N}, \quad (i,j) \in M \tag{2-13}$$

M 是所取邻域中各邻近像素的坐标,N 是邻域中包含的邻近像素的个数。邻域平均法的模板为

$$\frac{1}{9}\begin{bmatrix} 1 & 1 & 1 \\ 1 & 1 & 1 \\ 1 & 1 & 1 \end{bmatrix} \tag{2-14}$$

在实际应用中,也可以根据不同的需要选择使用不同的模板尺寸,如 3×3、5×5、7×7、9×9 等。邻域平均处理方法是以图像模糊为代价来减小噪声的,且模板尺寸越大,噪声减小的效果越显著。如果 $f(i,j)$ 是噪声点,其邻近像素灰度与之相差很大,采用邻域平均法就是用邻近像素的平均值来代替它,这样能明显消弱噪声点,使邻域中灰度接近均匀,起到平滑灰度的作用。因此,邻域平均法具有良好的噪声平滑效果,是最简单的一种平滑方法。

加权平均:对于同一尺寸的模板,对不同位置的系数采用不同的数值,一般认为离对应模板中心像素近的像素应对滤波有较大的贡献,所以系数较大;而模板边界附近的系数应比较小。

b. 非线性平滑滤波:线性滤波在消除图像噪声的同时也会模糊图像的细节,利用非线性平滑滤波可在消除图像噪声的同时较好地保持图像的细节。最常用的非线性滤波是中值滤波。

中值滤波的基本步骤是:第一步,将模板在图中漫游,并将模板中心与图中某个像素位置重合;第二步,读取模板下各对应像素的灰度值;第三步,将这些灰度值从小到大排成一列;第四步,找出这些灰度值里排在中间的一个;第五步,将这个中间值赋给对应模板中心位置的像素。

② 锐化滤波

锐化滤波能减弱或消除图像中的低频分量,但不影响高频分量。低频分量对应图像中灰度值缓慢变化区域,因而与图像的整体特性(如整体对比度和平均灰度值)有关。锐化滤波能使图像反差增加,边缘明显,可用于增强图像中被模糊的细节或景物边缘。

线性锐化滤波:线性锐化滤波也可以使用卷积来实现,但是所用模板与线性平滑滤波不同,线性锐化滤波的模板仅中心系数为正,而周围系数均为负值。当用这样的模板与图像卷积时,在图像灰度值为常数或变化很小的区域,其输出为0或很小;在图像变化较大的区域,其输出也会比较大,即原图像中的灰度变化突出,达到锐化效果,或者说可以锐化模糊的边缘并让模糊的景物清晰起来。

2. 频率域法

图像的空域增强一般只是对数字图像进行局部增强,而图像的频域增强可以对图像进行全局增强。频域增强技术是在数字图像的频率域空间对图像进行滤波,因此需要将图像从空间域变换到频率域,一般通过傅里叶变换实现。在频率域空间的滤波与空域滤波一样可以通过卷积实现,因此傅里叶变换和卷积理论是频域滤波技术的基础。

把图像看成一种二维信号,采用图像傅里叶变换实现对图像的增强处理,基础是卷积定理,是一种间接增强的算法。它也分为图像平滑和锐化两种方法。

图像平滑:采用低通滤波法,只让低频信号通过,可去掉图中的噪声。

图像锐化:采用高通滤波法,可增强边缘等高频信号,使模糊的图片变得清晰。

频率域法是一种间接图像增强算法,常用的频域增强方法有低通滤波器和高通滤波器。低频滤波器有理想低通滤波器、巴特沃斯低通滤波器、高斯低通滤波器、指数滤波器等。高通滤波器有理想高通滤波器、巴特沃斯高通滤波器、高斯高通滤波器、指数滤波器等。

(1) 低通滤波器

图像在传递过程中,由于噪声主要集中在高频部分,为去除噪声改善图像质量,滤波器采用低通滤波器 $H(u,v)$ 来抑制高频成分,通过低频成分,然后再进行逆傅里叶变换获得滤波图像,就可达到平滑图像的目的。在傅里叶变换域中,变换系数能反映某些图像的特征,如频谱的直流分量对应于图像的平均亮度,噪声对应于频率较高的区域,图像实体位于频率较低的区域等,因此频域常被用于图像增强。在图像增强中构造低通滤波器,使低频分量能够顺利通过,高频分量有效地阻止,即可滤除该邻域内噪声。由卷积定理,低通滤波器数学表达式为:

$$G(u,v)=F(u,v)H(u,v) \tag{2-15}$$

式(2-15)中,$F(u,v)$ 为含有噪声的原图像的傅里叶变换域;$H(u,v)$ 为传递函数;$G(u,v)$ 为经低通滤波后输出图像的傅里叶变换。假定噪声和信号成分在频率上可分离,且噪声表现为高频成分。H 滤波滤去了高频成分,而低频信息基本无损失地通过。

选择合适的传递函数 $H(u,v)$ 对频域低通滤波关系重大。常用频率域低滤波器 $H(u,v)$ 有四种。

① 理想低通滤波器

设傅里叶平面上理想低通滤波器离开原点的截止频率为 D_0，则理想低通滤波器的传递函数为：

$$H(u,v) = \begin{cases} 1, & D(u,v) \leqslant D_0 \\ 0, & D(u,v) \geqslant D_0 \end{cases} \tag{2-16}$$

其中，$D(u,v) = (u^2+v^2)^{\frac{1}{2}}$ 表示点 (u,v) 到原点的距离，D_0 表示截止频率点到原点的距离。

② Butterworth 低通滤波器

n 阶 Butterworth 滤波器的传递函数为：

$$H(u,v) = \frac{1}{1+\left[\dfrac{D(u,v)}{D_0}\right]^{2n}} \tag{2-17}$$

③ 指数滤波器

指数高通滤波器的传递函数为：

$$H(u,v) = e^{\left|-\frac{D(u,v)}{D_0}\right|^n} \tag{2-18}$$

④ 梯形低通滤波器

梯形高通滤波器的定义为：

$$H(u,v) = \begin{cases} 1, & D(u,v) < D_0 \\ \dfrac{D(u,v)-D_1}{D_0-D_1}, & D_0 \leqslant D(u,v) \leqslant D_1 \\ 0, & D(u,v) > D_1 \end{cases} \tag{2-19}$$

（2）高通滤波器

图像中的细节部分与其频率的高频分量相对应，所以高通滤波可以对图像进行锐化处理。高通滤波器与低通滤波器的作用相反，它使高频分量顺利通过，而消弱低频。

图像的边缘、细节主要位于高频部分，而图像的模糊是由于高频成分比较弱导致的。采用高通滤波器对图像进行锐化处理是为了消除模糊，突出边缘。因此采用高通滤波器让高频成分通过，使低频成分削弱，再经傅里叶逆变换得到边缘锐化的图像。常用的高通滤波器有如下。

① 理想高通滤波器

二维理想高通滤波器的传递函数为：

$$H(u,v) = \begin{cases} 0, & D(u,v) \leqslant D_0 \\ 1, & D(u,v) \geqslant D_0 \end{cases} \tag{2-20}$$

② 巴特沃斯高通滤波器

n 阶巴特沃斯高通滤波器的传递函数定义如下：

$$H(u,v) = \frac{1}{1+\left[\dfrac{D_0}{D(u,v)}\right]^{2n}} \tag{2-21}$$

③ 指数滤波器

指数高通滤波器的传递函数为：

$$H(u,v) = e^{\left|-\frac{D_0}{D(u,v)}\right|^n} \tag{2-22}$$

④ 梯形滤波器

梯形滤波器的传递函数为：

$$H(u,v) = \begin{cases} 0, & D(u,v) < D_1 \\ \dfrac{D(u,v) - D_1}{D_0 - D_1}, & D_1 \leqslant D(u,v) \leqslant D_0 \\ 1, & D(u,v) > D_0 \end{cases} \qquad (2\text{-}23)$$

2.3.4　小结

本节主要介绍了图像预处理过程中常用的方法，包括灰度化、几何变换和图像增强，这些预处理方法可以对最原始的图像做一些简单的初步处理，使得其变得更加规整，在之后的处理中拥有更好的性质，可以更方便地对其进行处理。例如，几何变换可以用于改正图像采集系统的系统误差和仪器位置的随机误差；平滑可以消除图像中的随机噪声，同时不会使图像轮廓或线条变得模糊；增强可以对图像中的信息有选择地加强或抑制，达到改善图像视觉效果的目的，或将图像转变为更适合于机器处理的形式，以便于数据抽取或识别。

python 基本的图像
操作和处理

读者可扫描右侧二维码查看使用 python 操作和处理图像的方法。

2.4　本章总结

本章首先介绍了图像处理的色彩学基础，介绍了最常用的 RGB 模型和 HSI 模型的基本原理。然后介绍了图像在计算机邻域的表示方法及其最重要的基本性质，包括像素的距离、像素的连通性、像素的邻域，以及对比度、敏锐度和噪声的基本知识。这些在图像的处理中都是最基本的要素，也是进行图像处理的基础。最后介绍了图像预处理的一些基本方法，包括基本的灰度化和几何变换以及进一步的图像空域增强和图像频域增强。这些是对图像的基本处理，减少了图像不相关的因素，突出了要重点处理的部分，为之后的进一步处理做必要的铺垫。

本章思考题

(1) 图像增强可以增加原始图像信息吗？图像增强有什么坏处吗？有什么好处吗？最大的困难是什么？

(2) 图像增强方法主要分为哪两大类？二者主要有什么区别？

本章参考文献

[1] 雄卡. 图像处理、分析与机器视觉[M]. 北京:清华大学出版社,2011.

[2] 丁宇胜. 数字图像处理中的插值算法研究[J]. 电脑知识与技术:学术交流,2010(6): 4502-4503.

[3] 尹志富,宋凯,金海月. 图像预处理中去噪算法的研究[J]. 机械设计与制造,2008 (1):202-203.

[4] 古丽娜,木妮娜. 图像几何变换的理论及 MATLAB 实现[J]. 新疆师范大学学报(自然科学版),2006,25(4):24-28.

[5] 周姗姗,柴金广. 图像预处理的滤波算法研究[J]. 科学技术与工程,2009,9(13): 3830-3832.

第 3 章

特 征 提 取

本章思维导图

本章主要介绍两种最重要的图像特征：一种是局部特征点，主要应用于图像定位和图像识别等方面；另一种是边缘特征，主要应用于图像分割等方面。本章还简明介绍了上述两种特征的主要提取方法。对于局部特征点检测，本章介绍了角点、斑点和基于特征描述子的检测方法(3.1~3.4节)。对于边缘检测，本章介绍了基于一阶/二阶的微分边缘算子和基于窗口模板的检测方法，简略提及了一些新兴的边缘检测算法(3.5~3.9节)。

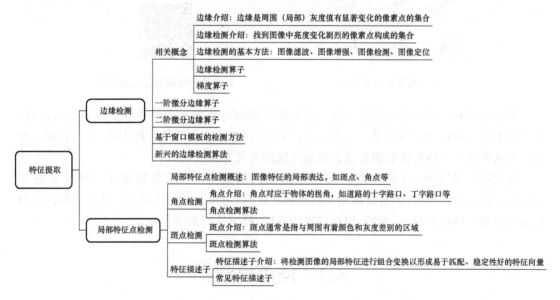

3.1　局部特征点检测概述

图像特征提取是图像分析与图像识别的前提,它是将高维的图像数据进行简化表达最有效的方式,从一幅图像的 $M \times N \times 3$ 的数据矩阵中,我们看不出任何信息,所以我们必须根据这些数据提取出图像中的关键信息,一些基本元件以及它们的关系。

如图 3-1 所示,局部特征点是图像特征的局部表达,它只能反映图像上具有的局部特殊性,所以它只适合于对图像进行匹配、检索等应用。对于图像理解则不太适合。而后者更关心一些全局特征,如颜色分布、纹理特征、主要物体的形状等。全局特征容易受环境的干扰,光照、旋转、噪声等不利因素都会影响全局特征。相比而言,局部特征点,往往对应着图像中的一些线条交叉,在明暗变化的结构中,受到的干扰也少。

图 3-1　局部特征点示例　　　　　更多关于局部特征点的介绍

而斑点与角点是两类局部特征点。斑点通常是指与周围有着颜色和灰度差别的区域,如草原上的一棵树或一栋房子。它是一个区域,所以它比角点的抗噪能力强,稳定性好。而角点则是图像中一边物体的拐角或者线条之间的交叉部分。

除斑点与角点外,本章还会介绍一个图像局部特征——特征描述子。特征描述子(Feature Descriptors)指的是检测图像的局部特征(如边缘、角点、轮廓等),然后根据匹配目标的需要进行特征的组合、变换,以形成易于匹配、稳定性好的特征向量。

3.2　角点检测

3.2.1　角点介绍

在现实世界中,角点对应于物体的拐角,如道路的十字路口、丁字路口等。下面有两幅不同视角的图像,通过找出对应的角点进行匹配。

如图 3-2 所示,放大图像的两处角点区域。我们可以直观地概括一下角点具有的特征:

(1) 轮廓之间的交点;

(2) 对于同一场景,即使视角发生变化,角点具有的特征也是稳定不变的。

(3) 如图 3-3 所示,该点附近区域的像素点无论在梯度方向上还是在梯度幅值上都有较大变化。

图 3-2 物体在图像中的角点是固定的

图 3-3 角点具有明显的边缘突变性

从图像分析的角度来定义角点可以有以下两种定义:

(1) 角点可以是两个边缘的角点;

(2) 角点是邻域内具有两个主方向的特征点。

前者往往需要对图像边缘进行编码,这在很大程度上依赖于图像的分割与边缘提取,具有相当大的难度和计算量,且一旦待检测目标局部发生变化,很可能导致操作的失败。早期主要有 Rosenfeld 和 Freeman 等人的方法,后期有 CSS 等方法。

基于图像灰度的方法通过计算点的曲率及梯度来检测角点,避免了第一类方法存在的缺陷,此类方法主要有 Moravec 算子、Forstner 算子、Harris 算子、SUSAN 算子等。它们的提出时间如图 3-4 所示。

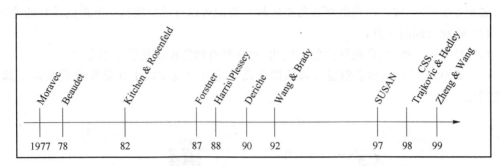

图 3-4　各角点检测子提出的时间轴

总体来说,对于角点检测算法而言,基本思想是使用一个固定窗口在图像上进行任意方向上的滑动,比较滑动前与滑动后两种情况下窗口中的像素灰度变化程度。如果任意方向上的滑动都有较大灰度变化,那么我们可以认为该窗口中存在角点。

本部分主要介绍的角点方法包括 Harris 角点、FAST 角点、FAST-ER 角点、SUSAN 角点等,其中 SUSAN 角点被放在 3.8 节介绍。

3.2.2　Harris 角点

人眼对角点的识别通常是在一个局部的小区域或小窗口完成的。如果在各个方向上移动这个特征的小窗口,窗口内区域的灰度发生了较大的变化,那么就认为在窗口内遇到了角点;如果这个特定的窗口在图像各个方向上移动时,窗口内图像的灰度没有发生变化,那么窗口内就不存在角点;如果窗口在某一个方向移动时,窗口内图像的灰度发生了较大的变化,而在另一些方向上没有发生变化,那么窗口内的图像可能就是一条直线的线段,如图 3-5 所示。

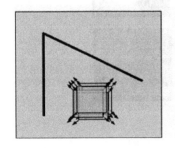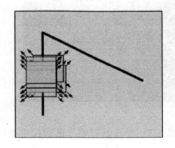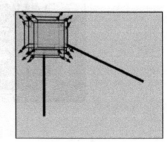

图 3-5　角点的识别

对于图像 $I(x,y)$,当在点 (x,y) 处平移 $(\Delta x,\Delta y)$ 后的自相似性,可以通过自相关函数给出:

$$c(x,y;\Delta x,\Delta y) = \sum_{(u,v)\in W(x,y)} w(u,v)\,(I(u,v) - I(u+\Delta x,v+\Delta y))^2 \qquad (3\text{-}1)$$

其中,$W(x,y)$ 是以点 (x,y) 为中心的窗口,$w(u,v)$ 为加权函数,它既可是常数,也可以是高斯加权函数。我们来理解一下这个自相关函数:$[u,v]$ 是窗口的偏移量;(x,y) 是窗口内所对应的像素坐标位置,窗口有多大,就有多少个位置;$w(x,y)$ 是窗口函数,最简单情形就是窗口内的所有像素所对应的 w 权重系数均为 1,但有时候,我们会将 $w(x,y)$ 函数设定为以窗口中心为原点的二元正态分布。如果窗口中心点是角点时,移动前与移动后,该点对灰度的变化应该最为剧烈,所以该点权重系数可以设定大些,表示窗口移动时,该点对灰度变化的贡献较大;而离窗口中心(角点)较远的点的灰度变化几近平缓,这些点的权重系数可以设定得小一点,以示该点对灰度变化的贡献较小,那么我们自然想到使用二元高斯函数来表示窗口函数。

实际使用 Harris 角点检测算法共需要 5 步:

(1) 计算图像 $I(x,y)$ 在 X 和 Y 两个方向的梯度 I_x、I_y。

(2) 计算图像两个方向梯度的乘积。

(3) 使用高斯函数对 I_x^2、I_y^2 和 I_{xy} 进行高斯加权(取 $\sigma=1$),生成矩阵 M 的元素 A、B 和 C。

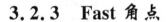

对 Harris 角点检测算法的更多介绍

(4) 计算每个像素的 Harris 响应值 R,并将小于某一阈值 t 的 R 置为零。

(5) 在 3×3 或 5×5 的邻域内进行非最大值抑制,局部最大值点即为图像中的角点。

3.2.3　Fast 角点

Edward Rosten 和 Tom Drummond 在 2006 年发表的论文“Machine learning for high-speed corner detection[2]”中提出了一种 FAST 特征,并在 2010 年对这篇论文作了小幅度的修改后重新发表[3]。FAST 的全称为 Features From Accelerated Segment Test。Rosten 等人将 FAST 角点定义为:若某像素点与其周围领域内足够多的像素点处于不同的区域,则该像素点可能为角点。也就是某些属性与众不同,考虑灰度图像,即若该点的灰度值比其周围领域内足够多的像素点的灰度值大或者小,则该点可能为角点。

FAST 角点的算法步骤如下:

从图片中选取一个像素 P,下面我们判断它是否是一个特征点。首先我们把它的亮度值设为 I_p。

设定一个合适的阈值 t。

考虑以该像素点为中心的一个半径等于 3 像素的离散化的 Bresenham 圆,这个圆的边界上有 16 个像素,如图 3-6 所示。

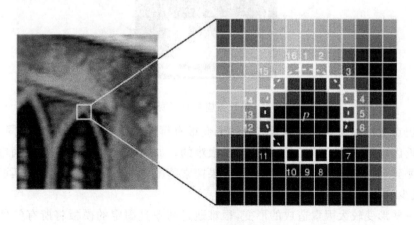

图 3-6　FAST 特征点示意图

如果在这个大小为 16 个像素的圆上有 n 个连续的像素点,它们的像素值要么都比 I_{p+t} 大,要么都比 I_{p-t} 小,那么它就是一个角点,如图 3-6 中的白色虚线所示。n 的值可以设置为 12 或者 9,实验证明选择 9 可能会有更好的效果。

*3.2.4 FAST-ER 角点检测子

FAST-ER 是 FAST 算法原作者在 2010 年提出的,它在原来算法里提高特征点检测的重复度,重复意味着第一张图片内的检测的点也可以在第二张图片上的相应位置被检测出来,重复度可以由如下式子定义:

$$R = \frac{N_{\text{repeated}}}{N_{\text{useful}}}$$

其中,N_{repeated} 代表第一张图片内的检测点有多少能在第二张被检测到,而 N_{useful} 代表有用的特征点数。这里计算的是一组图像序列的总的重复度,所以 N_{repeated} 和 N_{useful} 是图像序列中图像对的和。

对 FAST 算法
的更多介绍

如何衡量检测的特征点是否能在第二张图像上被检测到,这也是一个大问题,通常的方法如图 3-7 所示。首先将第一张图像内的点进行变形,使其能匹配第二张,然后将变换的特征点位置同第二张对应位置比较,看是否被再次检测到,这里允许一定的误差,一般会在 3×3 的窗口去寻找(也就是说大概只允许一个像素的误差)。

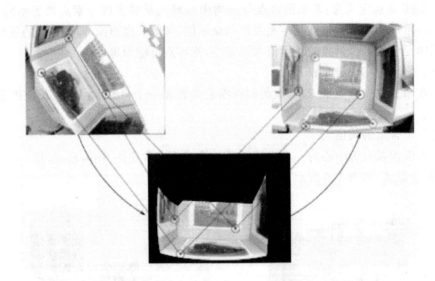

图 3-7 特征点应具有形变不变性

由于视点变化等形变较大因素造成的形变很有可能使角点检测偏移到不同位置,所以在这个邻近区域搜索,找到匹配的特征点是很难的。如果搜索范围太大,一方面容易把不匹配的点检测到,另一方面计算量也增大。如果搜索范围太小,则容易把需要的匹配点给忽视了,从而减少重复率。

由于一些形变较大因素造成的形变,很难通过简单且固定的模板将所有的角点检测出来,而原来的 FAST 算法其决策树的结构是固定的三层树,并不能最优地实现区分角点(实现最优的重复率)。FAST-ER 就是针对这样的问题而提出的,其主要是通过模拟退火(也有通过最速下降法的)优化原先决策树的结构,从而提高重复率。

3.2.5　小结

本小节主要介绍了常见的角点检测方法,包括 Harris 角点、FAST 角点和 FAST-ER 角点等。这些角点检测算法最核心的思想是使用一个固定窗口在图像上进行任意方向上的滑动,比较滑动前与滑动后两种情况下窗口中的像素灰度变化程度。如果任意方向上的滑动都有较大灰度变化,那么我们可以认为该窗口中存在角点。

3.3　斑点检测

3.3.1　斑点介绍

斑点通常是指与周围有着颜色和灰度差别的区域。在实际地图中,往往存在着大量这样的斑点,如一颗树是一个斑点,一块草地是一个斑点,一栋房子也可以是一个斑点。由于斑点代表的是一个区域,相比单纯的角点,它的稳定性要好,抗噪声能力要强,所以它在图像配准上扮演了很重要的角色。

同时有时图像中的斑点也是我们关心的区域,比如在医学与生物学领域,我们需要从一些 X 光照片或细胞显微照片中提取一些具有特殊意义的斑点的位置或数量。

对斑点的更多介绍

图 3-8 中天空中的飞机、图 3-9 中向日葵的花盘、图 3-10 中 X 线断层图像中的两个斑点,均为各自图像中的斑点。

图 3-8　天空中的飞机　　　　图 3-9　向日葵的花盘　　　　图 3-10　X 线断层图像

在视觉领域,斑点检测的主要思路是检测出图像中比它周围像素灰度值大或比它周围像素灰度值小的区域。一般有两种方法来实现这一目标:

(1) 基于求导的微分方法,这类方法称为微分检测器;

(2) 基于局部极值的分水岭算法。

3.3.2　LOG 斑点检测

利用高斯拉普拉斯(Laplace of Gaussian,LOG)算子检测图像斑点是一种十分常用的方法。对于二维高斯函数：

$$G(x, y; \sigma) = \frac{1}{2\pi\sigma^2} \exp\left(-\frac{x^2 + y^2}{2\sigma^2}\right) \tag{3-2}$$

它的拉普拉斯变换为：

$$\nabla^2 g = \frac{\partial^2 g}{\partial x^2} + \frac{\partial^2 g}{\partial y^2} \tag{3-3}$$

规范化的高斯拉普拉斯变换为：

$$\nabla^2_{\text{norm}} = \sigma^2 \, \nabla^2 g = \sigma^2 \left(\frac{\partial^2 g}{\partial x^2} + \frac{\partial^2 g}{\partial y^2}\right) = -\frac{1}{2\pi\sigma^2}\left(1 - \frac{x^2 + y^2}{\sigma^2}\right) \cdot \exp\left(-\frac{x^2 + y^2}{2\sigma^2}\right) \tag{3-4}$$

规范化算法子在二维图像上显示是一个圆对称函数，如图 3-11 所示。我们可以用这个算子来检测图像中的斑点，并且可以通过改变 σ 的值，检测不同尺寸的二维斑点。

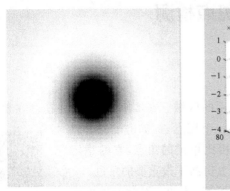
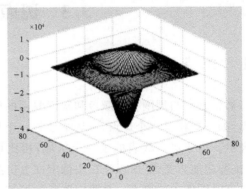

图 3-11　规范化算法子的二维图像显示

下面从更直观的角度解释为什么 LOG 算子可以检测图像中的斑点。

图像与某一个二维函数进行卷积运算实际就是求取图像与这一函数的相似性。同理，图像与高斯拉普拉斯函数的卷积实际就是求取图像与高斯拉普拉斯函数的相似性。当图像中的斑点尺寸与高斯拉普拉斯函数的形状趋近一致时，图像的拉普拉斯响应达到最大。

从概率的角度解释：假设原图像是一个与位置有关的随机变量 X 的密度函数，而 LOG 为随机变量 Y 的密度函数，则随机变量 $X+Y$ 的密度分布函数即为两个函数的卷积形式。如果想让 $X+Y$ 取到最大值，则 X 与 Y 能保持步调一致最好，即 X 上升时，Y 也上升，X 最大时，Y 也最大。

那么 LOG 算子是怎么被构想出来的呢？

事实上我们知道，拉普拉斯算子可以用来检测图像中的局部极值点，但是对噪声敏感，所以在我们对图像进行拉普拉斯卷积之前，我们用一个高斯低通滤波对图像进行卷积，目标是去除图像中的噪声点。这一过程可以描述为：

先对图像 $f(x, y)$ 用方差为 σ 的高斯核进行高斯滤波，去除图像中的噪点。

$$L(x, y; \sigma) = f(x, y) * G(x, y; \sigma) \tag{3-5}$$

然后对图像作拉普拉斯变换：

$$\nabla^2 = \frac{\partial^2 L}{\partial x^2} + \frac{\partial^2 L}{\partial y^2} \tag{3-6}$$

而实际上有下面的等式：

$$\nabla^2 [G(x,y) * f(x,y)] = \nabla^2 [G(x,y)] * f(x,y) \tag{3-7}$$

所以,我们可以先求高斯核的拉普拉斯算子,再对图像进行卷积。也就是一开始描述的步骤。

*3.3.3 DOG 斑点检测

与 LOG 滤波核近似的高斯差分 DOG 滤波核,其定义为:

$$D(x,y,\sigma) = (G(x,y,k\sigma) - G(x,y,\sigma)) * I(x,y) - L(x,y,k\sigma) - L(x,y,\sigma) \tag{3-8}$$

其中,k 为两个相邻尺度间的比例因子。

如图 3-12 所示,DOG 可以看作 LOG 的一个近似,但是它比 LOG 的效率更高。

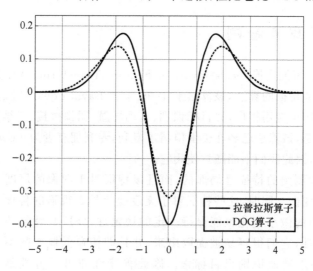

图 3-12　DOG 与 LOG 的比较

前面介绍的微分算子在近圆的斑点检测方面效果很好,但是这些检测算子被限定于只能检测圆形斑点,而不能估计斑点的方向,因为 LOG 算子都是中心对称的。如果我们定义一种二维高斯核的变形,记它在 X 方向与 Y 方向上具有不同的方差,则这种算子可以用来检测带有方向的斑点。

$$G(x,y) = A \cdot \exp(-[(ax^2 + 2bxy + cy^2)])$$

$$a = \frac{\cos^2\theta}{2\sigma_x^2} + \frac{\sin^2\theta}{2\sigma_y^2}, \quad b = -\frac{\sin 2\theta}{2\sigma_x^2} + \frac{\sin 2\theta}{4\sigma_y^2}, \quad c = \frac{\sin^2\theta}{2\sigma_x^2} + \frac{\cos^2\theta}{2\sigma_y^2} \tag{3-9}$$

其中,A 是规一性因子。

*3.3.4 DOH 斑点检测

除利用高斯拉普拉斯算子检测的方法(LOG)外,斑点检测还有另外一种思路,就是利用像素点 Hessian 矩阵(二阶微分)及其行列式值的方法——DOH。

LOG 的方法已经在前文里作了详细的描述。因为二维高斯函数的拉普拉斯核很像一个斑点,所以可以利用卷积来求出图像中的斑点状的结构。

DOH 方法就是利用图像点二阶微分 Hessian 矩阵：

$$H(L) = [L_{xx} L_{xy} L_{xy} L_{yy}] \tag{3-10}$$

以及它的行列式的值 DOH（Determinant of Hessian）：

$$\det = \sigma_4 (L_{xx}(x,y,\sigma) L_{yy}(x,y,\sigma) - L_{2xy}(x,y,\sigma)) \tag{3-11}$$

Hessian 矩阵行列式的值，同样也反映了图像局部的结构信息。与 LOG 相比，DOH 对图像中的细长结构的斑点有较好的抑制作用。

无论是 LOG 还是 DOH，它们对图像中的斑点进行检测，其步骤都可以分为以下两步：

（1）使用不同的 σ 生成 $\left(\frac{\partial^2 g}{\partial x^2} + \frac{\partial^2 g}{\partial y^2}\right)$ 或 $\frac{\partial^2 g}{\partial x^2}, \frac{\partial^2 g}{\partial y^2}, \frac{\partial^2 g}{\partial x \partial y}$ 模板，并对图像进行卷积运算；

（2）在图像的位置空间与尺度空间中搜索 LOG 与 DOH 响应的峰值。

3.3.5　SIFT 斑点检测

SIFT（尺度不变特征变换，Scale-Invariant Feature Transform）是计算机视觉领域中检测和描述图像中局部特征的算法，该算法于 1999 年被 David Lowe 提出，并于 2004 年进行了补充和完善。该算法应用很广，如目标识别、自动导航、图像拼接、三维建模、手势识别、视频跟踪等。不幸的是，该算法已经在美国申请了专利，专利拥有者为 Lowe 所在的加拿大不列颠哥伦比亚大学，因此我们不能随意使用它。

SIFT 算法所检测到的特征是局部的，而且该特征对于图像的尺度和旋转能够保持不变性。同时，这些特征对于亮度变化具有很强的鲁棒性，对于噪声和视角的微小变化也能保持一定的稳定性。SIFT 特征还具有很强的可区分性，它们很容易被提取出来，并且即使在低概率的不匹配情况下也能够正确地识别出目标来。因此鲁棒性和可区分性是 SIFT 算法最主要的特点。

对 SIFT 斑点检测
算法的更多介绍

SIFT 算法分为 4 个阶段：

（1）尺度空间极值检测。该阶段是在图像的全部尺度和全部位置上进行搜索，并通过应用高斯差分函数有效地识别出尺度不变性和旋转不变性的潜在特征点。

（2）特征点的定位。在每个候选特征点上，一个精细的模型被拟合出来用于确定特性点的位置和尺度。而特征点的最后选取依赖的是它们的稳定程度。

（3）方向角度的确定。基于图像的局部梯度方向，为每个特性点分配一个或多个方向角度。所有后续的操作都是在所确定下来的特征点的角度、尺度和位置的基础上进行的，因此特征点具有这些角度、尺度和位置的不变性。

（4）特征点的描述符。在所选定的尺度空间内，测量特征点邻域区域的局部图像梯度，将这些梯度转换成一种允许局部较大程度的形状变形和亮度变化的描述符形式。

3.3.6　SURF 斑点检测

SURF（Speeded Up Robust Features）是一种具有鲁棒性的局部特征检测算法，它首先由 Herbert Bay 等人于 2006 年提出，并在 2008 年进行了完善。其实该算法是 Herbert

Bay 在博士期间的研究内容,并作为博士毕业论文的一部分发表。

SURF 算法的部分灵感来自于 SIFT 算法,但正如它的名字一样,该算法除具有重复性高的检测器和可区分性好的描述符特点外,还具有很强的鲁棒性以及更高的运算速度,如 Bay 所述,SURF 至少比 SIFT 快 3 倍以上,综合性能要优于 SIFT 算法。与 SIFT 算法一样,SURF 算法也在美国申请了专利。

之所以 SURF 算法有如此优异的表现,尤其是在效率上,一方面是因为该算法在保证正确性的前提下进行了适当的简化和近似,另一方面是它多次运用积分图像(Integral Image)的概念。

SURF 算法包括下面几个阶段。

第一部分:特征点检测

(1) 基于 Hessian 矩阵的特征点检测;

(2) 尺度空间表示;

(3) 特征点定位。

第二部分:特征点描述

(1) 方向角度的分配;

(2) 基于 Haar 小波的特征点描述符。

对 SURF 斑点检测
算法的更多介绍

3.3.7　小结

本小节主要介绍了常见的斑点检测方法,包括 LOG 斑点检测、DOG 斑点检测、DOH 斑点检测、SIFT 斑点检测和 SURF 斑点检测等,斑点检测的主要思路是检测出图像中比它周围像素灰度值大或比它周围像素灰度值小的区域,目前应用较多的斑点检测算法是 LOG 和 SIFT 算法。

3.4　特征描述子

3.4.1　特征描述子介绍

特征描述子(Feature Descriptors)指的是检测图像的局部特征(比如边缘、角点、轮廓等),然后根据匹配目标的需要进行特征的组合、变换,以形成易于匹配、稳定性好的特征向量,从而把图像匹配问题转化为特征的匹配问题,进而将特征的匹配问题转化为特征空间向量的聚类问题。

3.4.2　BRIEF 描述子

BRIEF(Binary Robust Independent Elementary Features)与传统的利用图像局部邻域的灰度直方图或梯度直方图提取特征的方式不同,BRIEF 是一种二进制编码的特征描述子,既降低了存储空间的需求,提升了特征描述子生成的速度,也减少了特征匹配时所需的时间。

值得注意的是,对于 BRIEF,它仅仅是一种特征描述符,它不提供提取特征点的方法。所以,我们必须还要使用一种特征点定位的方法,如 FAST、SIFT、SURF 等。这里,我们将使用 CenSurE 方法来提取关键点,对 BRIEF 来说,CenSurE 的表现比 SURF 特征点稍好一些。

对 BRIEF 描述子算法的更多介绍

BRIEF 的算法步骤如下:

它需要先平滑图像,然后在特征点周围选择一个 Patch,在这个 Patch 内通过一种选定的方法挑选出 n_d 个点对。然后对于每一个点对 (p,q),我们来比较 p,q 这两个点的亮度值。如果 $I(p) > I(q)$,则对应在二值串中的值为1;如果 $I(p) < I(q)$,则对应在二值串中的值为 -1;否则为0。所有 n_d 个点对都进行比较,我们就生成了一个 n_d 长的二进制串。

对于 n_d 的选择,我们可以设置为 128,256 或 512,这三种参数在 OpenCV 中都有提供,但是 OpenCV 中默认的参数是 256,在这种情况下,非匹配点的汉明距离呈现均值为 128 bit 的高斯分布。一旦维数选定了,我们就可以用汉明距离来匹配这些描述子了。

3.4.3　ORB 特征提取算法

ORB 特征,从它的名字中可以看出它是对 FAST 特征点与 BREIF 特征描述子的一种结合与改进,这个算法是由 Ethan Rublee,Vincent Rabaud,Kurt Konolige 以及 Gary R. Bradski 在 2011 年一篇名为"ORB：An Efficient Alternative to SIFT or SURF"的文章中提出。就像文章题目所写一样,ORB 是除 SIFT 与 SURF 外一个很好的选择,而且它有很高的效率,最重要的一点是它是免费的,SIFT 与 SURF 都是有专利的,如果在商业软件中使用,需要购买许可。

对 ORB 描述子算法的更多介绍

ORB 特征是将 FAST 特征点的检测方法与 BRIEF 特征描述子结合起来,并在它们原来的基础上做了改进与优化。

首先,它利用 FAST 特征点检测的方法来检测特征点,然后利用 Harris 角点的度量方法,从 FAST 特征点中挑选出 Harris 角点响应值最大的 N 个特征点。其中 Harris 角点的响应函数定义为：

$$R = \det \boldsymbol{M} - \alpha \, (\text{trace} \boldsymbol{M})^2 \tag{3-12}$$

3.4.4　BRISK 特征提取算法

BRISK 算法是 2011 年 ICCV 上一篇名为"BRISK：Binary Robust Invariant Scalable Keypoints"的文章中提出来的一种特征提取算法,也是一种二进制的特征描述算子。它具有较好的旋转不变性、尺度不变性、较好的鲁棒性等。在图像配准应用中,速度比较如下：SIFT < SURF < BRISK < FREAK < ORB,在对有较大模糊的图像配准时,BRISK 算法表现最为出色。

BRISK 算法分两步进行:第一步进行特征点检测;第二步进行特征点描述。

在特征点检测当中,主要分为建立尺度空间、特征点检测、非极大值抑制和亚像素差值这四个部分;而在特征点描述当中,主要分为高斯滤波、局部梯度计算、特征描述符和匹配方法这四个部分。

3.4.5 FREAK 特征提取算法

FREAK 算法是 2012 年 CVPR 上一篇名为"FREAK:Fast Retina Keypoint"的文章中提出来的一种特征提取算法,也是一种二进制的特征描述算子。它与 BRISK 算法非常相似,主要就是在 BRISK 算法上的改进。FREAK 依然具有尺度不变性、旋转不变性、对噪声的鲁棒性等。

FREAK 的主要步骤包括:采样模式、特征描述、特征方向和特征匹配。

3.4.6 小结

本小节主要介绍了常见的特征描述子算法,包括 BRIEF 描述子、ORB 特征描述算法、BRISK 特征描述算法和 FREAK 特征描述算法等,特征描述子算法的主要思路是检测出图像的局部特征(比如边缘、角点、轮廓等),然后根据匹配目标的需要进行特征的组合、变换,以形成易于匹配、稳定性好的特征向量。

3.5 边缘检测

3.5.1 边缘介绍

(1)边缘的定义:边缘是不同区域的分界线,是周围(局部)灰度值有显著变化的像素点的集合,有幅值与方向两个属性。这个不是绝对的定义,主要记住边缘是局部特征,以及周围灰度值显著变化产生边缘。

(2)轮廓和边缘的关系:一般认为轮廓是对物体的完整边界的描述,边缘点一个个连接起来构成轮廓。边缘可以是一段边缘,而轮廓一般是完整的。人眼视觉特性,看物体时一般是先获取物体的轮廓信息,再获取物体中的细节信息。比如看到几个人站在那里,我们一眼看过去马上能知道的是每个人的高矮胖瘦,然后才获取脸和衣着等信息。

(3)边缘的类型:简单分为 4 种类型,阶跃型、屋脊型、斜坡型、脉冲型,其中阶跃型和斜坡型是类似的,只是变化的快慢不同,同样,屋脊型和脉冲型也是如此。在边缘检测中更多关注的是阶跃和屋脊型边缘。如图 3-13 所示,(a)和(b)可认为是阶跃或斜坡型,(c)是脉冲型,(d)是屋脊型,阶跃与屋脊的不同在于阶跃上升或下降到某个值后持续下去,而屋脊则是先上升后下降。

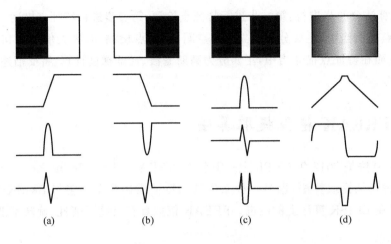

图 3-13　边缘的四种类型

3.5.2　边缘检测介绍

边缘检测是图像处理与计算机视觉中极为重要的一种分析图像的方法,它的目的是找到图像中亮度变化剧烈的像素点构成的集合,表现出来往往是轮廓。如果图像中的边缘能够精确地测量和定位,那么实际的物体就能够被定位和测量(包括物体的面积、物体的直径、物体的形状等就能被测量)。对于来自现实世界的图像,通常在出现下面 4 种情况时该区域被视为一个边缘:

更多关于边缘
检测的介绍

- 深度的不连续(物体处在不同的平面上);
- 表面方向的不连续(如正方体的不同的两个面);
- 物体材料不同(这样会导致光的反射系数不同);
- 场景中光照不同(如被树荫覆盖的地面)。

例如,图 3-14 中的图像是图像中水平方向 7 个像素点的灰度值显示效果,我们很容易地判断在第 4 和第 5 个像素之间有一个边缘,因为它们之间发生了强烈的灰度跳变。在实际的边缘检测中,边缘远没有图 3-14 这样简单明显,我们需要取对应的阈值来区分它们。

图 3-14　边缘示例

3.5.3　边缘检测的基本方法

一般图像边缘检测方法主要有如下四个步骤。

第一步,图像滤波

传统边缘检测算法主要是基于图像强度的一阶和二阶导数,但导数的计算对噪声很敏感,因此必须使用滤波器来改善与噪声有关的边缘检测器的性能。需要指出的是,大多数滤波器在降低噪声的同时也造成了边缘强度的损失,因此,在增强边缘和降低噪声之间需要一个折中的选择。

第二步,图像增强

增强边缘的基础是确定图像各点邻域强度的变化值。增强算法可以将邻域(或局部)强度值有显著变化的点突显出来。边缘增强一般是通过计算梯度的幅值来完成的。

更多关于微分
边缘算子的介绍

第三步,图像检测

在图像中有许多点的梯度幅值比较大,而这些点在特定的应用领域中并不都是边缘,所以应该用某种方法来确定哪些点是边缘点。最简单的边缘检测判断依据是梯度幅值。

第四步,图像定位

如果某一应用场合要求确定边缘位置,则边缘的位置可用子像素分辨率来估计,边缘的方位也可以被估计出来。

3.5.4　边缘检测算子的概念

在数学中,函数的变化率由导数来刻画,图像可以看成二维函数,其上面的像素值变化,当然也可以用导数来刻画,当然图像是离散的,那我们换成像素的差分来实现。对于阶跃型边缘,图 3-15 中显示其一阶导数具有极大值,极大值点对应二阶导数的过零点,也就是,准确的边缘的位置是对应于一阶导数的极大值点或者二阶导数的过零点(注意,不仅指二阶导数为 0 值的位置,而且指正负值过渡的零点)。故边缘检测算子的类型当然就存在一阶和二阶微分算子。

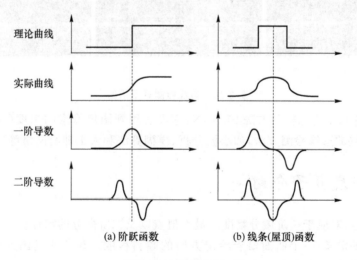

图 3-15　边缘曲线

3.5.5　常见的边缘检测算子

近 20 多年来提出了许多边缘检测算子,在这里我们仅讨论其中常见的边缘检测算子。

如图 3-16 所示,常见的一阶微分边缘算子包括 Roberts、Prewitt、Sobel、Kirsch 和 Nevitia 3.6 节将具体讲述,常见的二阶微分边缘算子包括 Laplace 算子、LOG 算子和 Canny 算子等将在 3.7 节中展开讲解。其中,Canny 算子是最为常用的一种,也是当前被认为最优秀的边缘检测算子。

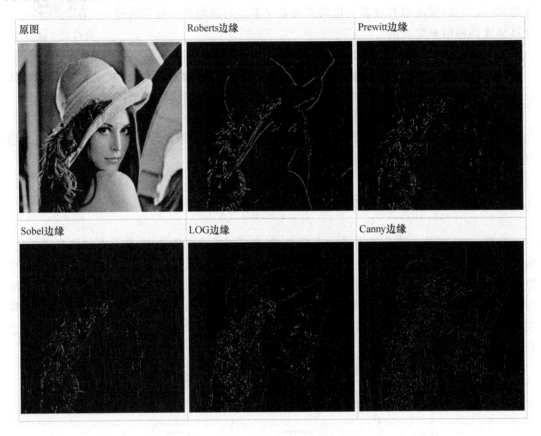

图 3-16　边缘检测算子示例

3.8 节还介绍了边缘检测方法 SUSAN,它没有用到图像像素的梯度(导数);3.9 节还概述了一些新兴的边缘检测方法,如小波分析、模糊算法和人工神经网络等。

3.5.6　梯度算子介绍

(1) 边缘点:对应于一阶微分幅度的最大值点以及二阶微分的零点。

(2) 梯度的定义:一个曲面沿着给定方向的倾斜程度。在单变量函数中,梯度只是导数。在线性函数中,梯度是线的斜率——有方向的向量。

(3) 梯度算子:梯度算子属于一阶微分算子,对应一阶导数。若图像含有较小的噪声并且图像边缘的灰度值过渡较为明显,梯度算子可以得到较好的边缘检测结果。前篇介绍的 Roberts、Sobel 等算子都属于梯度算子。

3.5.7 梯度的衡量方法

对于连续函数 $f(x,y)$，我们计算出了它在 (x,y) 处的梯度，并且用一个矢量（沿 x 方向和沿 y 方向的两个分量）来表示，如下：

$$G(x,y)=\begin{bmatrix}G_x\\G_y\end{bmatrix}=\begin{bmatrix}\dfrac{\partial f}{\partial x}\\\dfrac{\partial f}{\partial y}\end{bmatrix} \tag{3-13}$$

现在我们需要衡量梯度的幅值，可以用到以下三种范数：

$$|G(x,y)|=\sqrt{G_x^2+G_y^2}, \quad 2\text{ 范数梯度}$$
$$|G(x,y)|=|G_x|+|G_y|, \quad 1\text{ 范数梯度}$$
$$|G(x,y)|\approx\max(|G_x|,|G_y|), \quad \infty\text{范数梯度}$$

值得注意的是，由于使用 2 范数梯度要对图像中的每个像素点进行平方及开方运算，计算复杂度高，在实际应用中，通常取绝对值或最大值来近似代替该运算以实现简化，与平方及开方运算相比，取绝对值或最大值进行的边缘检测的准确度和边缘的精度差异都很小。

3.5.8 如何用梯度算子实现边缘检测

1. 原理

基于梯度算子的边缘检测大多数是基于方向导数求卷积的方法。

2. 实现过程

以 3×3 的卷积模板为例，如图 3-17、图 3-18 所示。

Z_1	Z_2	Z_3
Z_4	Z_5	Z_6
Z_7	Z_8	Z_9

图 3-17 原始图像中的 3×3 子区域

W_1	W_2	W_3
W_4	W_5	W_6
W_7	W_8	W_9

图 3-18 3×3 卷积模板

设定好卷积模板后，将模板在图像中移动，并将图像中的每个像素点与此模板进行卷积，得到每个像素点的响应 R，用 R 来表征每个像素点的邻域灰度值变化率，即灰度梯度值，从而可将灰度图像经过与模板卷积后转化为梯度图像。模板系数 $W_i(i=1,2,3,\cdots,9)$ 相加的总和必须为零，以确保在灰度级不变的区域中模板的响应为零。Z 表示像素的灰度值

$$R=W_1Z_1+W_2Z_2+\cdots+W_9Z_9 \tag{3-14}$$

然后，我们设定一个阈值，如果卷积的结果 R 大于这个阈值，那么该像素点为边缘点，输出白色；如果 R 小于这个阈值，那么该像素不为边缘点，输出黑色。于是最终我们就能输出一幅黑白的梯度图像，实现边缘的检测。

3.5.9 小结

由于边缘检测涉及的概念比较复杂,因此专门用整整一个小节来讲解边缘检测的内容以及如何用梯度算子去计算边缘阈值。后文将要介绍的边缘检测算法重点用于阶跃型边缘的计算,按照其一阶导数具有极大值或极大值点对应二阶导数为过零点,将边缘检测算法分为一阶微分边缘算子检测方法和二阶微分边缘算子检测方法。

3.6 一阶微分边缘算子

3.6.1 一阶微分边缘算子的基本思想

一阶微分边缘算子也称为梯度边缘算子,它是利用图像在边缘处的阶跃性,即图像梯度在边缘取得极大值的特性进行边缘检测。梯度是一个矢量,它具有方向 θ 和模 $|\Delta I|$:

$$
\begin{cases}
\Delta I = \begin{pmatrix} \dfrac{\partial I}{\partial x} \\ \dfrac{\partial I}{\partial y} \end{pmatrix} \\
|\Delta I| = \sqrt{\left(\dfrac{\partial I}{\partial x}\right)^2 + \left(\dfrac{\partial I}{\partial y}\right)^2} = \sqrt{I_x^2 + I_y^2} \\
\theta = \arctan(I_y \, I_x)
\end{cases}
\tag{3-15}
$$

梯度的方向提供了边缘的趋势信息,因为梯度方向始终是垂直于边缘方向,梯度的模值大小提供了边缘的强度信息。

在实际使用中,通常利用有限差分进行梯度近似。对于上面的公式,我们有如下的近似:

$$
\begin{cases}
\dfrac{\partial I}{\partial x} = \lim_{h \to 0} \dfrac{I(x+\Delta x, y) - I(x, y)}{\Delta x} \approx I(x+1, y) - I(x, y), (\Delta x = 1) \\
\dfrac{\partial I}{\partial y} = \lim_{h \to 0} \dfrac{I(x, y+\Delta xy) - I(x, y)}{\Delta y} \approx I(x, y+1) - I(x, y), (\Delta y = 1)
\end{cases}
\tag{3-16}
$$

3.6.2 Roberts 算子

1963 年,Roberts 提出了这种寻找边缘的算子。Roberts 边缘算子是一个 2×2 的模板,采用的是对角方向相邻的两个像素之差。从图像处理的实际效果来看,边缘定位较准,对噪声敏感。

由 Roberts 提出的算子是一种利用局部差分算子寻找边缘的算子,边缘的锐利程度由图像灰度的梯度决定。梯度是一个向量,∇f 指出灰度变化的最快的方向和数量。

因此最简单的边缘检测算子是用图像的垂直和水平差分来逼近梯度算子:

$$\nabla f = (f(x,y) - f(x-1,y), f(x,y) - f(x,y-1)) \tag{3-17}$$

对每一个像素计算出式(3-17)的向量,求出它的绝对值,然后与阈值进行比较,利用这种思想就得到了 Roberts 交叉算子。

在实际使用中,Roberts 算法过程非常简单。

$$g(i,j) = |f(i,j) - f(i+1,j+1)| + |f(i,j+1) - f(i+1,j)| \tag{3-18}$$

选用 1 范数梯度计算梯度幅度:$|G(x,y)| = |G_x| + |G_y|$。

卷积模板如图 3-19 所示。

Roberts交叉算子模板			
G_x		G_y	
1	0	0	1
0	−1	−1	0

图 3-19　Roberts 交叉算子模板

则模板运算结果:

$$\begin{cases} G_x = 1 * f(x,y) + 0 * f(x+1,y) + 0 * f(x,y+1) + (-1) * f(x+1,y+1) \\ \quad = f(x,y) - f(x+1,y+1) \\ G_y = 0 * f(x,y) + 1 * f(x+1,y) + (-1) * f(x,y+1) + 0 * f(x+1,y+1) \\ \quad = f(x+1,y) - f(x,y+1) \\ G(x,y) = |G_x| + |G_y| \\ \quad = |f(x,y) - f(x+1,y+1)| + |f(x+1,y) - f(x,y+1)| \end{cases} \tag{3-19}$$

如果 $G(x,y)$ 大于某一阈值,那么我们认为 (x,y) 点为边缘点。

3.6.3　Prewitt 算子

Prewitt 算子是 J. M. S. Prewitt 于 1970 年提出的检测算子。不同于 Roberts 算子采用 2×2 大小的模板,Prewittt 算法采用了 3×3 大小的卷积模板。2×2 大小的模板在概念上很简单,但是它们对于用关于中心点对称的模板来计算边缘方向不是很有用,其最小模板大小为 3×3。3×3 模板考虑了中心点对段数据的性质,并携带有关于边缘方向的更多信息。

在算子的定义上,Prewitt 希望通过使用"水平+垂直"的两个有向算子去逼近两个偏导数 G_x, G_y,这样在灰度值变化很大的区域上卷积结果也同样达到极大值。

1	1	1
0	0	0
−1	−1	−1

1	0	−1
1	0	−1
1	0	−1

图 3-20　水平方向　　　　　图 3-21　垂直方向

在实际使用中,Prewitt 边缘检测算子使用两个有向算子(如图 3-20 所示水平、如图 3-21 所示垂直),每一个逼近一个偏导数,这是一种类似计算偏微分估计值的方法,x 和 y

两个方向的近似检测算子为：

$$\begin{cases} p_x = \{f(i+1,j-1)+f(i+1,j)+f(i+1,j+1)\} - \{f(i-1,j-1)+ \\ \quad f(i-1,j)+f(i-1,j+1)\} \\ p_y = \{f(i-1,j+1)+f(i,j+1)+f(i+1,j+1)\} - \\ \quad \{f(i-1,j-1)+f(i,j-1)+f(i+1,j-1)\} \end{cases} \quad (3\text{-}20)$$

得出卷积模板为：

$$\begin{cases} G_x = \begin{vmatrix} -1 & 0 & 1 \\ -1 & 0 & 1 \\ -1 & 0 & 1 \end{vmatrix} \\ G_y = \begin{vmatrix} -1 & -1 & -1 \\ 0 & 0 & 0 \\ 1 & 1 & 1 \end{vmatrix} \end{cases} \quad (3\text{-}21)$$

记图像 M，梯度幅值 T，比较

$$T = (M \otimes G_x)^2 + (M \otimes G_y)^2 > \text{threshold} \quad (3\text{-}22)$$

如果最终 T 大于阈值 threshold，那么该点为边缘点。

3.6.4 Sobel 算子

Sobel 最初是 1968 年在一次博士生课题讨论会上提出的（"A 3×3 Isotropic Gradient Operator for Image Processing"），后来正式出版发表是在 1973 年的一本专著（"Pattern Classification and Scene Analysis"）的脚注里作为注释出现和公开的。Sobel 算子和 Prewitt 算子都是加权平均，但是 Sobel 算子认为，邻域的像素对当前像素产生的影响不是等价的，所以距离不同的像素具有不同的权值，对算子结果产生的影响也不同。一般来说，距离越远，产生的影响越小。

将 Prewitt 边缘检测算子模板的中心系数增加一个权值 2，不但可以突出中心像素点，而且可以得到平滑的效果，这就成为索贝尔算子。

Sobel 算子一种将方向差分运算与局部平均相结合的方法。该算子是在以 $f(x,y)$ 为中心的 3×3 邻域上计算 x 和 y 方向的偏导数，即

$$\begin{cases} p_x = \{f(i+1,j-1)+2f(i+1,j)+f(i+1,j+1)\} - \{f(i-1,j-1)+ \\ \quad 2f(i-1,j)+f(i-1,j+1)\} \\ py = \{f(i-1,j+1)+2f(i,j+1)+f(i+1,j+1)\} - \\ \quad \{f(i-1,j-1)+2f(i,j-1)+f(i+1,j-1)\} \end{cases} \quad (3\text{-}23)$$

得出卷积模板为：

$$\begin{cases} G_x = \begin{vmatrix} -1 & 0 & 1 \\ -2 & 0 & 2 \\ -1 & 0 & 1 \end{vmatrix} \\ G_y = \begin{vmatrix} -1 & -2 & -1 \\ 0 & 0 & 0 \\ 1 & 2 & 1 \end{vmatrix} \end{cases} \quad (3\text{-}24)$$

记图像 M,梯度幅值 T,比较

$$T=(M\otimes G_x)^2+(M\otimes G_y)^2>\text{threshold} \tag{3-25}$$

如果最终 T 大于阈值 threshold,那么该点为边缘点。

3.6.5　Kirsch 算子

Kirsch 算子是 R. Kirsch 提出来的一种边缘检测算法。与前述的算法不同之处在于,Kirsch 考虑到 3×3 的卷积模板事实上涵盖着 8 种方向(左上,正上,……,右下),于是 Kirsch 采用 8 个 3×3 的模板对图像进行卷积,这 8 个模板代表 8 个方向,并取最大值作为图像的边缘输出。

它采用下述 8 个模板对图像上的每一个像素点进行卷积求导数:

$$\begin{cases} K_N=\begin{vmatrix} 5 & 5 & 5 \\ -2 & 0 & 3 \\ -3 & -3 & -3 \end{vmatrix}, & K_{NB}=\begin{vmatrix} -3 & 5 & 5 \\ -3 & 0 & 5 \\ -3 & -3 & -3 \end{vmatrix} \\ K_B=\begin{vmatrix} -3 & -3 & 5 \\ -3 & 0 & 5 \\ -3 & -3 & 5 \end{vmatrix}, & K_{SB}=\begin{vmatrix} -3 & -3 & -3 \\ -3 & 0 & 5 \\ -3 & 5 & 5 \end{vmatrix} \\ K_S=\begin{vmatrix} -3 & -3 & -3 \\ -3 & 0 & -3 \\ 5 & 5 & 5 \end{vmatrix}, & K_{SW}=\begin{vmatrix} -3 & -3 & -3 \\ 5 & 0 & -3 \\ 5 & 5 & -3 \end{vmatrix} \\ K_w=\begin{vmatrix} 5 & -3 & -3 \\ 5 & 0 & -3 \\ 5 & -3 & -3 \end{vmatrix}, & K_{NW}=\begin{vmatrix} 5 & 5 & -3 \\ 5 & 0 & -3 \\ -3 & -3 & -3 \end{vmatrix} \end{cases} \tag{3-26}$$

最终选取 8 次卷积结果的最大值作为图像的边缘输出。

3.6.6　小结

本小节主要介绍了常见的一阶微分边缘算子,包括 Roberts 算子、Prewitt 算子、Sobel 算子和 Kirsch 算子等,这些一阶微分边缘算子的核心思路是利用图像在边缘处的阶跃性,即图像梯度在边缘取得极大值的特性进行边缘检测。

3.7　二阶微分边缘算子

3.7.1　二阶微分边缘算子的基本思想

学过微积分我们都知道,边缘即是图像的一阶导数局部最大值的地方,即该点的二阶导数为零。二阶微分边缘检测算子就是利用图像在边缘处的阶跃性导致图像二阶微分在边缘处出现零值这一特性进行边缘检测的。

对于图像的二阶微分可以用拉普拉斯算子来表示：

$$\nabla^2 I = \frac{\partial^2 I}{\partial x^2} + \frac{\partial^2 I}{\partial y^2} \tag{3-27}$$

我们在像素点(i,j)的3×3的邻域内，可以有如下的近似：

$$\frac{\partial^2 I}{\partial x^2} = I(i,j+1) - 2I(i,j) + I(i,j-1)$$

$$\frac{\partial^2 I}{\partial y^2} = I(i+1,j) - 2I(i,j) + I(i-1,j)$$

$$\nabla^2 I = -4I(i,j) + I(i,j+1) + I(i,j-1) + I(i+1,j) + I(i-1,j) \tag{3-28}$$

对应的二阶微分卷积核为：

$$m = \begin{vmatrix} 0 & 1 & 0 \\ 1 & 4 & 1 \\ 0 & 1 & 0 \end{vmatrix} \tag{3-29}$$

所以二阶微分检测边缘的方法就分为两步：①用上面的 Laplace 核与图像进行卷积；②对卷积后的图像，取得那些卷积结果为 0 的点。

3.7.2 Laplace 算子

Laplace（拉普拉斯）算子是最简单的各向同性微分算子，一个二维图像函数的拉普拉斯变换是各向同性的二阶导数。式(3-30)为 Laplace 算子的表达式：

$$\nabla^2 f(x,y) = \frac{\partial^2 f(x,y)}{\partial x^2} + \frac{\partial^2 f(x,y)}{\partial y^2} \tag{3-30}$$

把这个表达式代入卷积模板的表达式中进行一系列推导，我们就能得到 Laplace 模板为：

$$\begin{vmatrix} 0 & 1 & 0 \\ 1 & 4 & 1 \\ 0 & 1 & 0 \end{vmatrix} \tag{3-31}$$

还有一种常用的卷积模板为：

$$\begin{vmatrix} -1 & -1 & -1 \\ -1 & 8 & -1 \\ -1 & -1 & -1 \end{vmatrix} \tag{3-32}$$

有时我们为了在邻域中心位置取到更大的权值，还使用如下卷积模板：

$$\begin{vmatrix} 1 & 4 & 1 \\ 4 & -20 & 4 \\ 1 & 4 & 1 \end{vmatrix} \tag{3-33}$$

实际中我们使用 Laplace 模板的方法如下：

（1）遍历图像（除去边缘，防止越界），对每个像素做 Laplancian 模板卷积运算，注意只做其中的一种模板运算，并不是两个。

（2）复制到目标图像，结束。

3.7.3　LOG 算子

1980 年，Marr 和 Hildreth 提出将 Laplace 算子与高斯低通滤波相结合，提出了 LOG (Laplace and Guassian)算子，又称为马尔(Marr)算子。

该算子是先运用高斯滤波器平滑图像达到去除噪声的目的，然后用 Laplace 算子对图像边缘进行检测。这样既达到了降低噪声的效果，同时也使边缘平滑，并得到了延展。为了防止得到不必要的边缘，边缘点应该选取比某阈值高的一阶导数零交叉点。LOG 算了已经成为目前对阶跃边缘用二阶导数过零点来检测的最好的算子。

LOG 算子的卷积模板通常采用 5×5 的矩阵，如：

$$\begin{vmatrix} 0 & 0 & -1 & 0 & 0 \\ 0 & -1 & -2 & -1 & 0 \\ -1 & -2 & 16 & -2 & -1 \\ 0 & -1 & -2 & -1 & 0 \\ 0 & 0 & -1 & 0 & 0 \end{vmatrix} \quad 和 \quad \begin{vmatrix} -2 & -4 & -4 & -4 & -2 \\ -4 & 0 & 8 & 0 & -4 \\ -4 & 8 & 24 & 8 & -4 \\ -4 & 0 & 8 & 0 & -4 \\ -2 & -4 & -4 & -4 & -2 \end{vmatrix} \tag{3-34}$$

实际中我们使用 LOG 模板的方法如下：

(1) 遍历图像(除去边缘，防止越界)，对每个像素做 Gauss-Laplancian 模板卷积运算。

(2) 复制到目标图像，结束。

3.7.4　Canny 算子

Canny 边缘检测算法是 1986 年有 John F. Canny 开发出来一种基于图像梯度计算的边缘检测算法，同时 Canny 本人对计算图像边缘提取学科的发展也是做出了很多的贡献。尽管至今已经许多年过去，但是该算法仍然是图像边缘检测方法经典算法之一。

Canny 根据以前的边缘检测算子以及应用，归纳了如下三条准则：

(1) 信噪比准则。避免真实的边缘丢失，避免把非边缘点错判为边缘点。

(2) 定位精度准则。得到的边缘要尽量与真实边缘接近。

(3) 单一边缘响应准则。单一边缘需要具有独一无二的响应，要避免出现多个响应，并最大抑制虚假响应。

以上三条准则是由 Canny 首次明确提出并对这个问题进行完全解决的。更为重要的是，Canny 同时给出了它们的数学表达式(现以一维为例)，这就转化成为一个泛函优化的问题。

经典的 Canny 边缘检测算法通常都是从高斯模糊开始，到基于双阈值实现边缘连接结束。但是在实际工程应用中，考虑到输入图像都是彩色图像，最终边缘连接之后的图像要二值化输出显示，所以完整的 Canny 边缘检测算法实现步骤如下：

(1) 彩色图像转换为灰度图像；

(2) 对图像进行高斯模糊；

(3) 计算图像梯度，根据梯度计算图像边缘幅值与角度；

(4) 非极大值抑制(边缘细化)；

（5）双阈值检测；

（6）通过抑制孤立的弱边缘完成边缘检测；

（7）二值化图像输出结果。

3.7.5　小结

本小节主要介绍了常见的二阶微分边缘算子，包括 Laplace 算子、LOG 算子和 Canny 算子等，这些二阶微分边缘算子的核心思路是利用图像在边缘处的阶跃性导致图像二阶微分在边缘处出现零值这一特性进行边缘检测。

3.8　基于窗口模板的检测方法

3.8.1　SUSAN 检测方法介绍

SUSAN 检测方法是一种比较特殊的检测方法，它是基于窗口模板的检测方法。这种检测方法主要是通过在图像每个像素点位置处建立一个圆形的窗口，同时为了得到各方向同性的响应，窗口内可以是常数权值或高斯权值，一般情况下，窗口半径为 3.4 个像素（即窗口内总有 37 个像素）。

这样的窗口模板被放置在每个像素的位置，确定点之间强度相似程度可以由图 3-22 来描述，这里的 x 轴指像素点之间的强度差别，y 轴指相似程度，$y=1$ 表示完全相似。

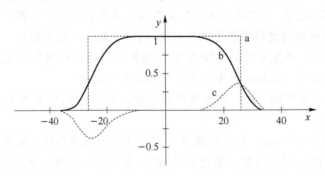

图 3-22　确定点之间强度相似程度

图 3-22 中 a 表示原始的相似度函数（y 轴）与像素的亮度差异（x 轴，单位是灰度）。在这个例子中，像素亮度差异的阈值设为 ±27 灰度。b 表示现在使用的是更加稳定的函数。c 表示边界探测器 B。

为了运算简单，一般情况下使用 a 线（图 3-22），最后统计所有同中心点相似的点数（即相似程度为 1 的点），相似点所在区域被称为 USAN（Univalue Segment Assimilating Nucleus）（图 3-23），而特征边缘或角点就在这个点数值局部最小的地方。图 3-23 中的分界点(区分是否相似的像素差别)实际上反映了图像特征的最小对比程度及被排除噪声的最大数目。

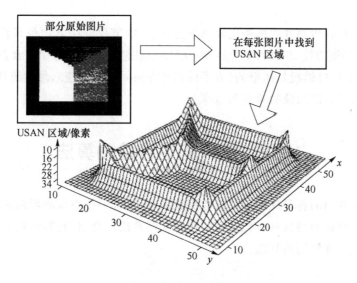

图 3-23　测试图片的 USAN 区域的三维图

图 3-23 所示为一个给定小部分测试图片的 USAN 区域的三维图,可演示出边界和角点的增强。

SUSAN 边缘及角点检测没有用到图像像素的梯度(导数),因为这个原因,所以即使在噪声存在情况下,也能有好的表现。因为只要噪声足够少,没有包含到所有相似像素的点,那么噪声就可以被排除。在计算时,单个值的集合统一消除了噪声的影响,所以 SUSAN 对于噪声具有较好的鲁棒性。

由于 SUSAN 是比较像素点邻域同其中心的相似程度,所以也具有了光强变化不变性(因为像素点差别不会变化)、旋转不变性(旋转不会改变局部像素间的相似程度)、一定程度的尺度不变性(角点的角度在尺度放大并不会变化,这里的一定程度是指在尺度放大时,局部的曲度会慢慢平滑)。另外,SUSAN 使用的参数也非常少,所以对于计算量及储存量要求低。

SUSAN 方法主要用于边缘检测和角点检测,对于噪声也有较高的鲁棒性,可用于消除噪声,可用于选择最佳局部平滑邻域(相似程度的点最多的地方)。本书重点描述 SUSAN 方法用于边缘检测和角点检测的思路,同时简要介绍一下 SUSAN 方法是如何应用于噪声消除的。

SUSAN 边缘检测总共包括 5 个步骤:

(1) 边缘响应的计算;

(2) 边缘方向的计算;

(3) 非极大值抑制;

(4) 子像素精度;

(5) 检测位置。

3.8.2 小结

基于窗口模板的检测方法属于比较小众的方法,本节仅介绍其中最具代表性的检测方法——SUSAN 检测方法,SUSAN 检测方法的核心思想是在图像每个像素点位置处建立一个窗口模板,这个窗口模板是圆形的(为了得到各方向同性的响应),然后统计所有同中心点相似的点数从而计算出图像的角点和边缘点。

*3.9 新兴的边缘检测算法

除前边章节介绍的各种局部特征点检测方法外,还有一些小众的新兴的检测方法,本节挑选了其中 3 个思维独特且具有代表性的边缘检测算法作介绍,它们分别是小波分析算法、模糊算法以及人工神经网络算法。

3.9.1 小波分析

1986 年,小波分析在 Y. Meyer、S. Mallat 与 I. Daubechies 等人的研究工作基础上迅速地发展起来,成为一门新兴的学科,并在信号处理中广泛应用。小波变换的理论基础是傅里叶变换,它具有多尺度特征,当尺度较大时,可以很好地滤除噪声,但不能很精确地检测到边缘;当尺度较小时,能够检测到很好的边缘信息,但图像的去噪效果较差。因此可以把多种尺度检测边缘得到的结果相结合,充分利用各种尺度的优点,以获得更精确的检测结果。

目前,有很多不同的小波边缘检测算法,其主要差别在于采用的小波变换函数不同,常用的小波函数包括:Morlet 小波、Daubechies 小波、Harr 小波、Mexican Hat 小波、Hermite 小波、Mallet 小波、基于高斯函数的小波及基于 B 样条的小波等。

3.9.2 模糊算法

在 20 世纪 80 年代中期,Pal 与 King 等人率先提出了一种模糊算法用来检测图像的边缘,可以很好地把目标物体从背景中提取出来。基于模糊算法的图像边缘检测步骤如下:

(1)把隶属度函数 G 作用在图像上,得到的映像为"模糊的隶属度矩阵";

(2)反复对隶属度矩阵实行非线性变换,从而使真实的边缘更加明显,而伪边缘变弱;

(3)计算隶属度矩阵的 G^{-1}(逆)矩阵;

(4)采用"max"和"min"算子提取边缘。

3.9.3 人工神经网络

利用人工神经网络来提取边缘在近年来已经发展为一个新的研究方向,其本质是视边缘检测为模式识别问题,以利用它需要输入的知识少及适合并行实现等优势。其思想与传统方法存在很大的不同,其思想是先把输入图像映射到某种神经元网络,再把原始边缘图这样的先验知识输入进去,然后进行训练,一直到学习过程收敛或者用户满意方可停止。用神经网络方法来构造函数模型主要是依据训练。在神经网络的各种模型中,前馈神经网络应用最为广泛,而最常用来训练前馈网络的是 BP 算法。用 BP 网络检测边缘的算法存在一些缺点,如收敛速度慢,数值稳定性差,参数难以调整,对于实际应用的需求很难满足。目前,Hopfield 神经网络算法和模糊神经网络算法在很多方面都有所应用。神经网络具有下面 5 种特性:自组织性、自学习性、联想存储功能、寻求优化解的能力、自适应性。

神经网络的以上特性决定了它检测图像边缘的可用性。

3.9.4　小结

本小节介绍了新兴的 3 个边缘检测算法,前两个用于小众的情况,譬如小波分析用于信号处理,而第三个(人工神经网络)是最近非常火的方向,并且基于神经网络实现图像特征检测,其效果已经超越了传统的纯数学方法。

3.10　本章总结

本章较为全面地介绍了传统计算机视觉技术对图像的局部特征点的提取算法。

首先介绍了两种主流的局部特征点——角点和斑点。角点对应着物体的拐角,而斑点对应着与周围有着剧烈颜色和灰度差别的区域,这两种特征点都是一个图像中比较明显的区域,适合用来进行物体定位与识别。而其中,角点检测主要用滑动窗口的方法比较窗口滑动前后内部的灰度差异来找寻角点,而斑点检测主要是与周围像素比较寻找灰度落差大的区域来找寻斑点。在 3.4 节还介绍了特征描述子算法,这是一种基于特征点提取去进一步转化为特征向量的方法,从而能帮助我们更好地处理图像的局部特征。

然后介绍了边缘检测算法,边缘也是一个图像中比较重要的特征,它反映了图片中两个不同内容的交界,比较适合用来作语义分割与物体提取。边缘检测算法可分为 3 种:第一种是用一阶微分边缘算子寻找一阶导数具有极大值的点认为是边缘点;第二种是用二阶微分边缘算子寻找二阶导数具有过零点的点认为是边缘点;第三种是直接用窗口模板统计所有同中心点相似的点数认为是角点或边缘点。

最后还介绍了一些新兴的边缘检测算法,包括小波分析算法、模糊算法以及人工神经网络算法。其中发展最快、也是目前效果最突出的算法是人工神经网络算法,这一内容在后面的章节中会有更详尽的解读。

本章思考题

(1) 在计算机图像中，什么是角点？什么是斑点？

(2) 角点检测算法的基本思想是什么？

(3) 斑点检测算法的基本思想是什么？

(4) 为什么 LOG 算子可以检测图像中的斑点？

(5) 什么是特征描述子？它的作用是什么？

(6) 边缘检测算法的基本思想是什么？

(7) 边缘检测算子主要分为哪些类别？各类别的计算原理分别是什么？

(8) 基于窗口模板的检测方法——SUSAN 检测方法，其基本思想是什么？

本章参考文献

[1] HARRIS C. A combined corner and edge detector[C]// Proc. of Fourth Alvey Vision Conference. 1988:147-151.

[2] EDWARD ROSTEN, TOM DRUMMOND. Machine learning for high speed corner detection[J]. in 9th European Conference on Computer Vision, 2006, 1:430-443.

[3] EDWARD ROSTEN, REID PORTER, TOM DRUMMOND. Faster and better: a machine learning approach to corner detection[J]. in IEEE Trans. Pattern Analysis and Machine Intelligence, 2010, 32:105-119.

[4] MARR D, HILDRETH E. Theory of edge detection[J]. Proc. of the Royal Society of London. Series B. Biological Sciences, 1980,207(1167): 187-217.

[5] LOWE D G. Object Recognition from Local Scale-Invariant Features[C]// iccv. IEEE Computer Society, 1999:1150.

[6] LOWE D G. Distinctive Image Features from Scale-Invariant Keypoints[J]. International Journal of Computer Vision, 2004, 60(2):91-110.

[7] BAY H, TUYTELAARS T, GOOL L V. SURF: speeded up robust features[C]// European Conference on Computer Vision. Springer-Verlag, 2006:404-417.

[8] CALONDER M, LEPETIT V, STRECHA C, et al. BRIEF: binary robust independent elementary features[C]// European Conference on Computer Vision. 2010:778-792.

[9] RUBLEE E, RABAUD V, KONOLIGE K, et al. ORB: An efficient alternative to SIFT or SURF[C]// International Conference on Computer Vision. IEEE, 2012: 2564-2571.

[10]　LEUTENEGGER S，CHLI M，SIEGWART R Y. BRISK：Binary Robust invariant scalable keypoints[C]// International Conference on Computer Vision. IEEE Computer Society，2011：2548-2555.

[11]　VANDERGHEYNST P，ORTIZ R，ALAHI A. FREAK：Fast Retina Keypoint[C]// IEEE Conference on Computer Vision and Pattern Recognition. IEEE Computer Society，2012：510-517.

特征提取 Harris、SIFT 和 SURF 算法的代码实现

第4章

神 经 网 络

本章思维导图

本章首先介绍神经网络的基础感知器模型的原理及激活函数相关内容,之后从原理及公式推导方面介绍神经网络的结构与前向传播及反向传播算法,最后在普通神经网络的基础之上,详细介绍卷积神经网络及循环神经网络的原理、结构、应用及演变模型。

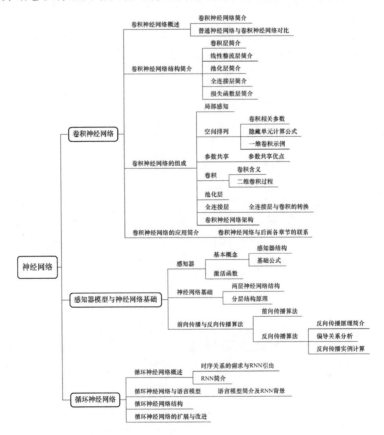

机器学习(Machine Learning,ML)是一门多领域交叉学科,涉及概率论、统计学、逼近论、凸分析、算法复杂度理论等多门学科。专门研究计算机怎样模拟或实现人类的学习行为,以获取新的知识或技能,重新组织已有的知识结构使之不断改善自身的性能。它是人工智能的核心,是使计算机具有智能的根本途径,其应用遍及人工智能的各个领域,其主要使用归纳、综合而不是演绎。

此处神经网络(Neural Network,NN)指的是人工神经网络,属于机器学习方法中的一个分支,是 20 世纪 80 年代以来人工智能领域兴起的研究热点。它从信息处理角度对人脑神经元网络进行抽象,建立某种简单模型,按不同的连接方式组成不同的网络。神经网络是一种运算模型,由大量的节点(或称神经元)相互联接构成。最近十多年来,神经网络的研究工作不断深入,已经取得了很大的进展,其在模式识别、智能机器人、自动控制、预测估计、生物、医学、经济等领域已成功地解决了许多现代计算机难以解决的实际问题。在计算机视觉领域,神经网络作为深度学习模型的基础,在本章节将进行详细介绍。

4.1　感　知　器

深度学习始于神经网络,神经网络始于感知器[1]。

4.1.1　基本概念

感知器由 Frank Rosenblatt 在 1957 年第一次提出,结构如图 4-1 所示。

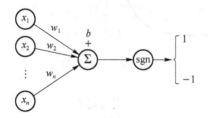

图 4-1　感知器结构示意图

这种结构以一个向量作为输入,计算输入每一维度的值的线性组合,然后和一个阈值进行比对,高于阈值则输出 1,否则输出 -1。

$$f(x_1,x_2,\cdots,x_n)=\begin{cases} 1, & w_1x_1+w_2x_2+\cdots+x_nw_n+b>0 \\ -1, & w_1x_1+w_2x_2+\cdots+x_nw_n+b\leqslant0 \end{cases} \qquad (4\text{-}1)$$

简单来说就是加权求和,然后再和 b 比大小。

4.1.2　激活函数

那么 Frank Rosenblatt 的感知器和神经网络有什么联系呢? 感知器事实上就是人工神经网络的最小单元,这个结构里有两个最基本的成分:计算输入向量的一个线性变换;对线性组合的结果进行阈值判断,实际上就是非线性变换。或者更简单来说,把阈值和线性变换放一起,则是仿射变换,所以感知器本质上就是一个仿射变换接一个非线性变换。把式(4-1)简化一下,用 x 来表示向量$(x_1,x_2,\cdots,x_n)$,用 w 来表示对应系数的向量,sgn 表示大于 0 则输出 1,小于或等于 0 则输出-1 的函数,得到式(4-2):

$$f(x)=\text{sgn}(w\cdot x+b) \tag{4-2}$$

其中,· 表示两者的点积。更一般地,按照前面所说,把这个公式里的仿射变换+非线性变换的特点提取出来,可以表示为式(4-3):

$$f(x)=g(w\cdot x+b) \tag{4-3}$$

其中,$g(\cdot)$ 表示一个非线性变换。在机器学习领域,这种非线性变换通常被称为激活函数。激活函数可以是 sgn 函数,也可以是其他函数,比如可以是连续且光滑的 tanh 函数(如图 4-2 所示)或是 sigmoid 函数(如图 4-3 所示)。这些正是经典全连接神经网络的常见基本单元。

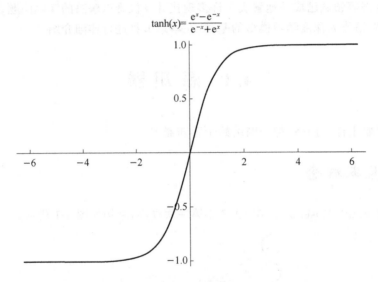

图 4-2　tanh 函数

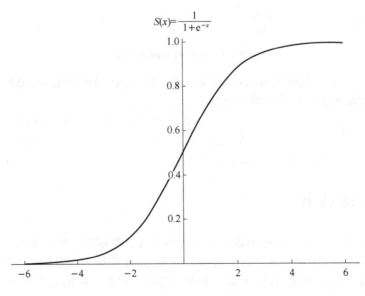

图 4-3　sigmoid 函数

另外，也可以是 ReLU(Rectified Linear Unit)激活函数，这是 2012 年之后深度学习中被用到最多的一个经典神经元结构(如图 4-4 所示)。

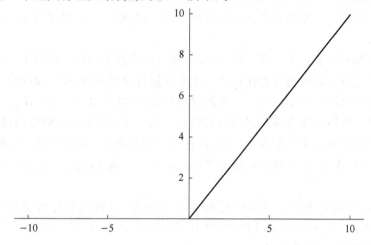

图 4-4　ReLU 函数

其公式如下：

$$f(\boldsymbol{x}) = \max(0, \boldsymbol{x}) \tag{4-4}$$

即

$$f(\boldsymbol{x}) = \begin{cases} \boldsymbol{x}, & x \geqslant 0 \\ 0, & x < 0 \end{cases} \tag{4-5}$$

感知器通俗的解释就是乘积→累加运算→判断大小，非常适合计算机模拟，这也是为什么这一很早就提出来的简单结构如今会成为神经网络基础的重要原因。

如果读者想对各种激活函数有更多的了解，请扫描书右侧的二维码。

更多激活函数
相关内容

4.2　神经网络基础

了解了感知器，就可以开始探索最基本的神经网络了。图 4-5 是一个经典的两层神经网络结构。

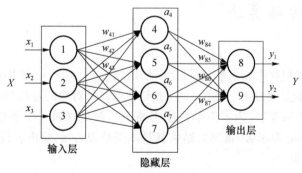

图 4-5　两层神经网络结构

最原始的输入层(x_1,x_2,x_3)和 4 个不同感知器相连,这 4 个感知器有 2 个输出,最终输出 y_1 和 y_2。在这样一个经典的网络结构中,输入层后面的一层叫隐藏层,因为通常在训练和使用的时候,其输出对使用者来说是不可见的,然后是输出层。很容易发现这样的网络结构有以下特点。

分层结构:如果把输入也当成一层,则每一层有一定数量的输出作为下一层的输入。从这个角度来说,可以把神经网络看作是对一个向量进行分步变换,每一层的输入向量经过这一层感知器变换之后,相当于变成了一个新的向量,并且新向量的维度等于这一层感知器单元的数量,这样一层层变换直到形成最后的输出。如图 4-5 所示的网络结构,输入层的向量传递到隐藏层之后,变成了一个四维向量,而这个三维向量到达输出层之后,最终变成二维。如果从函数的角度来看,整个神经网络的作用就是一个向量 x,经过了变换之后成了一个向量 y 而已。

每一层的输出都和下一层所有的感知器输入相连,也就是通常所说的全连接(Fully Connected)。所以在这种经典的结构中,对于一个 n 层(包含输入层和输出层)的网络,权值的数目和神经元数目的关系如下:

$$W = \sum_{i=0}^{n-1}(P_i+1)P_{i+1} \tag{4-6}$$

其中,W 代表权值的总数,P_i 代表第 i 层的感知器数量。可以看到,当网络层数不多的时候,随着感知器单元数量的增加,权值数目是平方增加的趋势。最近几年 ImageNet 竞赛的网络有去掉全连接层的趋势,也是因为全连接层会带来很大的参数牺牲,常常会占据一个模型中的大部分参数。

4.3　前向传播与反向传播算法

反向传播算法由 David Rumelhart 于 1986 年提出后得到了广泛应用。不过事实上 1974 年的时候,哈佛大学的博士生 Paul Werbos 在他的博士生毕业论文中已经提到过后向传播算法,可惜并没有造成影响。本节一起来了解一下这个随着神经网络的崛起而名声大噪的方法。

4.3.1　前向传播算法

以图 4-6 为例:

前向传播的思想相对比较简单,假设上一层的结点 i,j,k,…与本层的结点 w 有连接,结点 w 的计算方法就是通过上一层的 i,j,k 等结点以及对应的连接权值进行加权和运算,最终结果再加上一个偏置项(为了简单图中省略了),最后通过一个非线性函数(即激活函数),如 ReLU、sigmoid 等函数,得到的结果就是本层结点 w 的输出。最终通过逐层运算的方式,得到输出层结果。

对于前向传播来说,不管维度多高,其过程都可以用式(4-7)表示:

$$a^2 = \sigma(z^2) = \sigma(a^1 * W^2 + b^2) \tag{4-7}$$

其中,上标代表层数,$*$ 表示卷积,b 表示偏置项 bias,σ 表示激活函数。

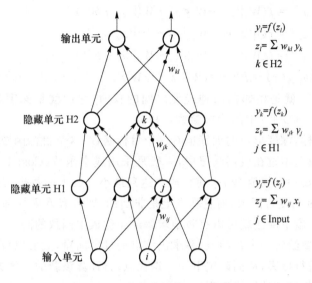

$$y_l = f(z_l)$$
$$z_l = \sum w_{kl}\, y_k$$
$$k \in H2$$

$$y_k = f(z_k)$$
$$z_k = \sum w_{jk}\, v_j$$
$$j \in H1$$

$$y_j = f(z_j)$$
$$z_j = \sum w_{ij}\, x_i$$
$$j \in \text{Input}$$

图 4-6　前向传播算法示意图

4.3.2　反向传播算法原理

反向传播(Back Propagation)算法[2]由 David Rumelhart 于 1986 年提出后得到了广泛应用。不过事实上 1974 年的时候,Harvard 的博士生 Paul Werbos 在他的博士毕业论文中已经提出过反向传播算法,可惜并没有造成影响。本节一起了解一下这个随着神经网络的崛起而名声大噪的方法。

机器学习可以看作是数理统计的一个应用,在数理统计中一个常见的任务就是拟合,也就是给定一些样本点,用合适的曲线揭示这些样本点随着自变量的变化关系。深度学习同样也是为了这个目的,只不过此时,样本点不再限定为(x, y)点对,而可以是由向量、矩阵等组成的广义点对(X, Y)。而此时,(X, Y)之间的关系也变得十分复杂,不太可能用一个简单函数表示。然而,人们发现可以用多层神经网络来表示这样的关系,而多层神经网络的本质就是一个多层复合的函数。图 4-7 所示的网络结构可以直观地描绘这种复合关系。

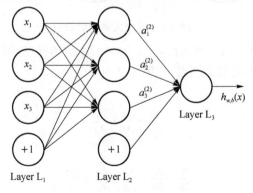

图 4-7　神经网络示例图

其对应的表达式如下：

$$\begin{cases} a_1^{(2)}=f(W_{11}^{(1)}x_1+W_{12}^{(1)}x_2+W_{13}^{(1)}x_3+b_1^{(1)}) \\ a_2^{(2)}=f(W_{21}^{(1)}x_1+W_{22}^{(1)}x_2+W_{23}^{(1)}x_3+b_2^{(1)}) \\ a_3^{(2)}=f(W_{31}^{(1)}x_1+W_{32}^{(1)}x_2+W_{33}^{(1)}x_3+b_3^{(1)}) \\ h_{w,b}(x)=a_1^{(3)}=f(W_{11}^{(2)}a_1^{(2)}+W_{12}^{(2)}a_2^{(2)}+W_{13}^{(2)}a_3^{(2)}+b_1^{(2)}) \end{cases} \tag{4-8}$$

式(4-8)中的 W_{ij} 就是相邻两层神经元之间的权值，它们就是深度学习需要学习的参数，即直线拟合 $y=k*x+b$ 中的待求参数 k 和 b。

同直线拟合一样，深度学习的训练也有一个目标函数，这个目标函数定义了什么样的参数才算一组"好参数"，不过在机器学习中，一般是采用成本函数（Cost Function），之后训练目标就是通过调整每一个权值 W_{ij} 来使得成本达到最小。成本函数也可以看成是由所有待求权值 W_{ij} 为自变量的复合函数，而且基本上是非凸的，即含有许多局部最小值。但实际中发现，采用常用的梯度下降法就可以有效地求解最小化成本函数的问题。

梯度下降法需要给定一个初始点，并求出该点的梯度向量，然后以负梯度方向为搜索方向，以一定的步长进行搜索，从而确定下一个迭代点，再计算该新的梯度方向，如此重复直到成本函数收敛。那么如何计算梯度呢？

假设把成本函数表示为 $H(W_{11},W_{12},\cdots,W_{ij},\cdots,W_{mn})$，它的梯度向量可表示为式(4-9)：

$$\nabla H=\frac{\partial H}{\partial W_{11}}\boldsymbol{e}_{11}+\cdots+\frac{\partial H}{\partial W_{mn}}\boldsymbol{e}_{mn} \tag{4-9}$$

其中，$\boldsymbol{e}_{ij}$ 表示正交单位向量。为此，需求出成本函数 H 对每一个权值 W_{ij} 的偏导数。而反向传播算法正是用来求解这种多层复合函数的所有变量的偏导数的利器。

以求 $e=(a+b)*(b+1)$ 的偏导为例，其复合关系如图 4-8 所示。

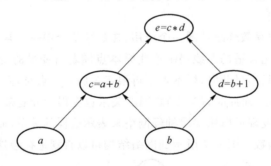

图 4-8　复合关系示例图

图中引入了中间变量 c,d。为求出 $a=2$，$b=1$ 时，e 的梯度，可以先利用偏导数的定义求出不同层之间相邻节点的偏导关系，如图 4-9 所示。

利用链式法则可得：

$$\frac{\partial e}{\partial a}=\frac{\partial e}{\partial c}\cdot\frac{\partial e}{\partial a} \tag{4-10}$$

及

$$\frac{\partial e}{\partial b}=\frac{\partial e}{\partial c}\cdot\frac{\partial e}{\partial b}+\frac{\partial e}{\partial d}\cdot\frac{\partial d}{\partial b} \tag{4-11}$$

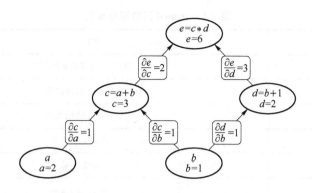

图 4-9　偏导关系示例图

不难发现，$\frac{\partial e}{\partial a}$ 的值等于从 a 到 e 的路径上的偏导值的乘积，而 $\frac{\partial e}{\partial b}$ 的值等于从 b 到 e 的路径 1(b-c-e)上的偏导值的乘积加上路径 2(b-d-e)上的偏导值的乘积。即对于上层节点 p 和下层节点 q，要求得 $\frac{\partial p}{\partial q}$，需要找到从 q 节点到 p 节点的所有路径，并且对每条路径，求得该路径上的所有偏导数之乘积，然后将所有路径的"乘积"累加起来才能得到 $\frac{\partial p}{\partial q}$ 的值。

显然，这样做是十分冗余的，因为很多路径被重复访问了。比如图 4-9 中，a-c-e 和 b-c-e 就都走了路径 c-e。对于权值动则数万的深度模型中的神经网络，这样的冗余所导致的计算量是相当大的。

同样是利用链式法则，BP 算法则机智地避开了这种冗余，它对于每一个路径只访问一次就能求顶点对所有下层节点的偏导值。

正如反向传播算法的名字说的那样，BP 算法是反向(自上往下)来寻找路径的。从最上层的节点 e 开始，初始值为 1，以层为单位进行处理。对于 e 的下一层的所有子节点，将 1 乘以 e 到某个节点路径上的偏导值，并将结果"堆放"在该子节点中。等 e 所在的层按照这样传播完毕后，第二层的每一个节点都"堆放"些值，然后针对每个节点，把它里面所有"堆放"的值求和，就得到了顶点 e 对该节点的偏导。然后将这些第二层的节点各自作为起始顶点，初始值设为顶点 e 对它们的偏导值，以"层"为单位重复上述传播过程，即可求出顶点 e 对每一层节点的偏导数。

以图 4-9 为例，节点 c 接受 e 发送的 $1×2$ 并堆放起来，节点 d 接受 e 发送的 $1×3$ 并堆放起来，至此第二层完毕，求出各节点总堆放量并继续向下一层发送。节点 c 向 a 发送 $2×1$ 并对堆放起来，节点 c 向 b 发送 $2×1$ 并堆放起来，节点 d 向 b 发送 $3×1$ 并堆放起来，至此第三层完毕，节点 a 堆放起来的量为 2，节点 b 堆放起来的量为 $2×1+3×1=5$，即顶点 e 对 b 的偏导数为 5。

4.3.3　反向传播计算过程推导

为方便起见，此处定义一个三层网络，包含输入层(第 0 层)、隐藏层(第 1 层)与输出层(第二层)。并且每个节点没有偏置(有偏置的情况下原理完全相同)，激活函数为 sigmod 函数(不同的激活函数，求导不同)，符号说明如表 4-1 所示。

表 4-1　sigmod 函数符号说明

符　号	含　义
W_{ab}	节点 a 到节点 b 的权重
y_a	节点 a 的输出值
z_a	节点 a 的输入值
δ_a	节点 a 的损失
C	损失函数
$f(x) = \dfrac{1}{1 + e^{-x}}$	节点激活函数
W_2	左边字母，右边数字，代表第几层的矩阵或者向量

对应的网络结构如图 4-10 所示。

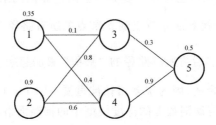

图 4-10　网络结构图

对应的矩阵表示如下：

经过一遍正向传播，公式与相应的数据对应如下：

$$\begin{cases} \boldsymbol{X} = \boldsymbol{Z}_0 = \begin{bmatrix} 0.35 \\ 0.9 \end{bmatrix} \\ y_{\text{out}} = 0.5 \\ \boldsymbol{W}_0 = \begin{bmatrix} w_{31} & w_{32} \\ w_{41} & w_{42} \end{bmatrix} = \begin{bmatrix} 0.1 & 0.8 \\ 0.4 & 0.6 \end{bmatrix} \\ \boldsymbol{W}_1 = \begin{bmatrix} w_{53} & w_{54} \end{bmatrix} = \begin{bmatrix} 0.3 & 0.9 \end{bmatrix} \end{cases} \tag{4-12}$$

可得

$$\begin{aligned} \boldsymbol{z}_1 = \begin{bmatrix} z_3 \\ z_4 \end{bmatrix} = \boldsymbol{w}_0 * \boldsymbol{X} &= \begin{bmatrix} w_{31} & w_{32} \\ w_{41} & w_{42} \end{bmatrix} * \begin{bmatrix} x_1 \\ x_2 \end{bmatrix} \\ &= \begin{bmatrix} w_{31} * x_1 + w_{32} * x_2 \\ w_{41} * x_1 + w_{42} * x_2 \end{bmatrix} \\ &= \begin{bmatrix} 0.1 * 0.35 + 0.8 * 0.9 \\ 0.4 * 0.35 + 0.6 * 0.9 \end{bmatrix} \\ &= \begin{bmatrix} 0.755 \\ 0.68 \end{bmatrix} \end{aligned} \tag{4-13}$$

$$\boldsymbol{y}_1 = \begin{bmatrix} y_3 \\ y_4 \end{bmatrix} = f(\boldsymbol{w}_0 * \boldsymbol{X}) = f\left(\begin{bmatrix} w_{31} & w_{32} \\ w_{41} & w_{42} \end{bmatrix} * \begin{bmatrix} x_1 \\ x_2 \end{bmatrix} \right)$$

$$= f\left(\begin{bmatrix} w_{31} * x_1 + w_{32} * x_2 \\ w_{41} * x_1 + w_{42} * x_2 \end{bmatrix} \right)$$

$$= f\left(\begin{bmatrix} 0.755 \\ 0.68 \end{bmatrix} \right)$$

$$= \begin{bmatrix} 0.680 \\ 0.663 \end{bmatrix} \tag{4-14}$$

同理可以得到

$$\begin{cases} \boldsymbol{z}_2 = \boldsymbol{w}_1 * \boldsymbol{y}_1 = [\, w_{53}\, w_{54}\,] * \begin{bmatrix} y_3 \\ y_4 \end{bmatrix} \\ \quad = [\, w_{53} * y_3 + w_{54} * y_4\,] \\ \quad = [\, 0.801\,] \\ \boldsymbol{y}_2 = f(\boldsymbol{z}_2) = f(\boldsymbol{w}_1 * \boldsymbol{y}_1) \\ \quad = f\left([\, w_{53} \quad w_{54}\,] * \begin{bmatrix} y_3 \\ y_4 \end{bmatrix} \right) \\ \quad = f([\, w_{53} * y_3 + w_{54} * y_4\,]) \\ \quad = f([\, 0.801\,]) = [\, 0.690\,] \end{cases} \tag{4-15}$$

最终损失为

$$C = \frac{1}{2}(0.690 - 0.5)^2 = 0.018\,05 \tag{4-16}$$

　　显然这个值越小越好。这也是进行训练的原因,即调节参数,使得最终的损失最小。这就用到了反向传播算法,实际上反向传播就是梯度下降法中链式法则的使用。

　　下面探究反向传播过程,根据公式可得:

$$\begin{cases} C = \dfrac{1}{2}(y_2 - y_{\text{out}})^2 \\ y_2 = f(z_2) \\ z_2 = (w_{53} * y_3 + w_{34} * y_4) \end{cases} \tag{4-17}$$

　　此时求出 C 对 w 的偏导,根据链式法则有:

$$\frac{\partial C}{\partial w_{53}} = \frac{\partial C}{\partial y_5} * \frac{\partial y_5}{\partial z_5} * \frac{\partial z_5}{\partial w_{53}}$$

$$= (y_5 - y_{\text{out}}) * f(z_2) * (1 - f(z_2)) * y_3$$

$$= (0.69 - 0.5) * (0.69) * (1 - 0.69) * 0.68$$

$$= 0.027\,63 \tag{4-18}$$

同理有:

$$\frac{\partial C}{\partial w_{54}} = \frac{\partial C}{\partial y_5} * \frac{\partial y_5}{\partial z_5} * \frac{\partial z_5}{\partial w_{53}}$$

$$= (y_5 - y_{\text{out}}) * f(z_5) * (1 - f(z_5)) * y_4$$

$$= (0.69 - 0.5) * (0.69) * (1 - 0.69) * 0.663$$

$$= 0.027\,11 \tag{4-19}$$

到此已经算出最后一层的参数偏导,继续往前面链式推导,最终的结果为

$$\begin{cases} w_{31} = w_{31} - \dfrac{\partial C}{\partial w_{31}} = 0.096\,619\,44 \\[2mm] w_{32} = w_{32} - \dfrac{\partial C}{\partial w_{32}} = 0.789\,858\,31 \\[2mm] w_{41} = w_{41} - \dfrac{\partial C}{\partial w_{41}} = 0.396\,619\,44 \\[2mm] w_{42} = w_{42} - \dfrac{\partial C}{\partial w_{42}} = 0.589\,858\,31 \end{cases} \tag{4-20}$$

按照这个权重参数进行一遍正向传播得出来的损失为 0.165。而这个值比原来的 0.19 要小,则继续迭代,不断修正权值,使得代价函数越来越小,预测值不断逼近 0.5。在迭代了 100 次后,损失为 5.92944818e-07,最后的权值为:

$$\begin{cases} \boldsymbol{W}_0 = \begin{bmatrix} w_{31} & w_{32} \\ w_{41} & w_{42} \end{bmatrix} = \begin{bmatrix} 0.099\,330\,9 & 0.642\,525\,4 \\ 0.399\,330\,9 & 0.442\,525\,4 \end{bmatrix} \\[4mm] \boldsymbol{W}_1 = \begin{bmatrix} w_{53} & w_{54} \end{bmatrix} = \begin{bmatrix} -0.300\,323\,42 & 0.315\,087\,97 \end{bmatrix} \end{cases} \tag{4-21}$$

以上就是反向传播算法的完整推导过程。

如果读者想对反向传播算法的原理及程序实现有更多的了解,请扫描书右侧的二维码。

反向传播算法的 原理及程序实现

4.4 卷积神经网络概述

卷积神经网络是一种前馈神经网络,它的人工神经元可以响应一部分覆盖范围内的周围单元,对于大型图像处理有出色表现。

卷积神经网络由一个或多个卷积层和顶端的全连通层(对应经典的神经网络)组成,同时也包括关联权重和池化层。这一结构使得卷积神经网络能够利用输入数据的二维结构,其中最早比较有名的卷积神经网络为 LeNet-5[3]。与其他深度学习结构相比,卷积神经网络在图像和语音识别方面能够给出更好的结果。这一模型也可以使用反向传播算法进行训练。相比较其他深度、前馈神经网络,卷积神经网络需要考量的参数更少,这使之成为一种颇具吸引力的深度学习结构。

卷积神经网络与普通神经网络非常相似,它们都由具有可学习的权重和偏置常量的神经元组成。每个神经元都接收一些输入,并做一些点积计算,输出是每个分类的分数,普通神经网络里的一些计算技巧到这里依旧适用。

那么哪里不同呢?卷积神经网络默认输入是图像,可以把特定的性质编码入网络结构,使前馈函数更加有效率,并减少了大量参数。

卷积神经网络利用输入是图片的特点,把神经元设计成三个维度:width, height, depth(注意这个 depth 不是神经网络的深度,而是用来描述神经元的)。比如输入的图片大小是 $32 \times 32 \times 3$(rgb),那么输入神经元就也具有 $32 \times 32 \times 3$ 的维度。卷积神经网络与普通神经网络如图 4-11、图 4-12 所示。

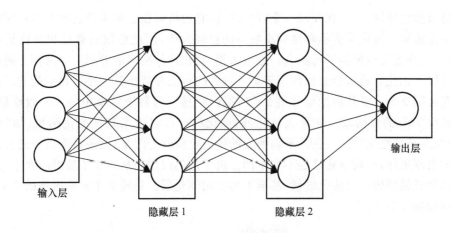

图 4-11　普通神经网络

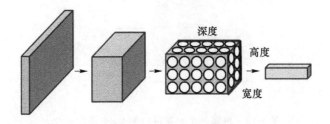

图 4-12　卷积神经网络

　　一个卷积神经网络由很多层组成,它们的输入是三维的,输出也是三维的,有的层有参数,有的层则不需要参数。

4.5　卷积神经网络结构

　　卷积神经网络通常包含以下几种层。

　　(1) 卷积层:卷积神经网路中每层卷积层由若干卷积单元组成,每个卷积单元的参数都是通过反向传播算法优化得到的。卷积运算的目的是提取输入的不同特征,第一层卷积层可能只能提取一些低级的特征如边缘、线条和角等层级,更多层的网络能从低级特征中迭代提取更复杂的特征。

　　(2) 线性整流层:这一层神经的活性化函数使用线性整流 $f(x)=\max(0,x)$。事实上,其他的一些函数也可以用于增强网络的非线性特性,如双曲正切函数 $f(x)=\tanh(x)$,$f(x)=|\tanh(x)|$,或者 Sigmoid 函数 $f(x)=(1+\mathrm{e}^{-x})^{-1}$。相比其他函数来说,线性整流函数更受青睐,这是因为它可以将神经网络的训练速度提升数倍,且不会对模型的泛化准确度造成显著影响。

　　(3) 池化层:通常在卷积层之后会得到维度很大的特征,将特征切成几个区域,取其最大值或平均值,得到新的、维度较小的特征。池化是卷积神经网络中另一个重要的概念,它实际上是一种形式的降采样。有多种不同形式的非线性池化函数,而其中“最大池化”最为常见。它是将输入的图像划分为若干个矩形区域,对每个子区域输出最大值。直觉上,这种机制能够有效的原因在于,在发现一个特征之后,它的精确位置远不及它和其他特征的相对位置的关系重要。池化层会不断地减小数据的空间大小,因此参数的数量和计算量也会下降,这在一定程度上也控制了过拟合。通常来说,卷积神经网络的卷积层之间都会周期性地插入池化层。池化层通常会分别作用于每个输入的特征并减小其大小。目前最常用形式的池化层是每隔 2 个元素从图像划分出 2×2 的区块,然后对每个区块中的 4 个数取最大值。这将会减少 75% 的数据量。除最大池化外,池化层也可以使用其他池化函数,如"平均池化"甚至"L2-范数池化"等。过去,平均池化的使用曾经较为广泛,但是最近由于最大池化在实践中的表现更好,平均池化已经不太常用。由于池化层过快地减少了数据的大小,目前文献中的趋势是使用较小的池化滤镜,甚至不再使用池化层。每隔 2 个元素进行的 2×2 最大池化过程如图 4-13 所示。

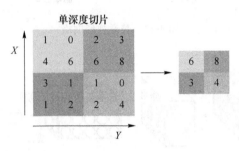

图 4-13　每隔 2 个元素进行的 2×2 最大池化

(4) 全连接层:它可以增强判定函数和整个神经网络的非线性特性,而本身并不会改变卷积层。把所有局部特征结合变成全局特征,用来计算最后每一类的得分。

(5) 损失函数层:用于决定训练过程如何来"惩罚"网络的预测结果和真实结果之间的差异,它通常是网络的最后一层。各种不同的损失函数适用于不同类型的任务。例如,Softmax 交叉熵损失函数常常被用于在 K 个类别中选出一个,而 Sigmoid 交叉熵损失函数常常用于多个独立的二分类问题。欧几里德损失函数常常用于结果取值范围为任意实数的问题。

卷积神经网络各层的具体定义与算法策略将在之后的几节中进行详细介绍。其中,整流层与损失函数层相比普通神经网络并没有变化,因此这部分内容将不再赘述。

4.6　卷积神经网络的组成

4.5 节已对卷积神经网络通常包含的一些层与结构进行了简单的介绍,本节将对每一结构展开介绍。

4.6.1　局部感知

普通神经网络把输入层和隐含层进行"全连接"的设计。从计算的角度来讲,相对较小的图像从整幅图像中计算特征是可行的。但是,如果是更大的图像(如 96×96 的图像),要通过全联通网络的方法来学习整幅图像的特征,从计算角度而言,非常耗时。这需要设计 10^4 个输入单元,假设要学习 100 个特征,那么就有 10^6 个参数需要去学习。与 28×28 的小块图像相比较,96×96 的图像使用前向输送或者后向传导的计算方式,计算过程也会慢 100 倍。

卷积层解决这类问题的一种简单方法是对隐含单元和输入单元间的连接加以限制:每个隐含单元仅仅只能连接输入单元的一部分。例如,每个隐含单元仅仅连接输入图像的一小片相邻区域。对于不同于图像输入的输入形式,也会有一些特别的连接到单隐含层的输入信号"连接区域"选择方式。例如,音频作为一种信号输入方式,一个隐含单元所需要连接的输入单元的子集,可能仅仅是一段音频输入所对应的某个时间段上的信号。

每个隐含单元连接的输入区域大小叫神经元的感受野。由于卷积层的神经元也是三维的,所以也具有深度。卷积层的参数包含一系列过滤器,每个过滤器训练一个深度,有几个过滤器输出单元就具有多少深度。

具体如图 4-14 所示,样例输入单元大小是 32×32×3,输出单元的深度是 5,对于输出单元不同深度的同一位置,与输入图片连接的区域是相同的,但是参数(过滤器)不同。

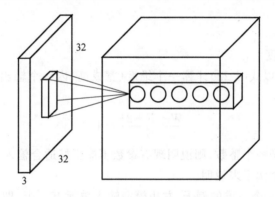

图 4-14　神经网络单元之间的连接方式

虽然每个输出单元只是连接输入的一部分,但是值的计算方法是没有变的,都是权重和输入的点积,然后加上偏置,这点与普通神经网络是一样的,如图 4-15 所示。

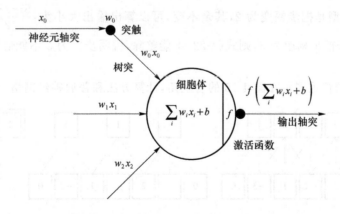

图 4-15　输出单元中数值的计算方式与普通神经网络完全相同

4.6.2　空间排列

一个输出单元的大小由以下三个量控制:depth,stride 和 zero-padding。

(1) 深度(depth):顾名思义,它控制输出单元的深度,也就是过滤器的个数,连接同一块区域的神经元个数。该控制量也称作 depth column。

(2) 步幅(stride):它控制在同一深度的相邻两个隐含单元,与它们相连接的输入区域的距离。如果步幅很小(比如 stride＝1),相邻隐含单元的输入区域的重叠区域会很大;反之,如果步幅很大,则重叠区域变小。

(3) 补零(zero-padding):可以通过在输入单元周围补零来改变输入单元整体大小,从而控制输出单元的空间大小。

首先,定义以下几个符号:

W:输入单元的大小(宽或高)

F:感受野

S:步幅

P:补零的数量

K:输出单元的深度

接下来,则可以用以式(4-22)计算一个维度(宽或高)内一个输出单元里可以有几个隐藏单元:

$$\frac{W-F+2P}{S}+1 \tag{4-22}$$

如果计算结果不是一个整数,则说明现有参数不能正好适合输入,步幅设置不合适或者需要补零。下面用一个例子来说明。

图 4-16 展示的是一个一维的例子,左边模型输入单元有 5 个,即 $W=5$,边界各补了一个零,即 $P=1$,步幅是 1,即 $S=1$,感受野是 3,因为每个输出隐藏单元连接 3 个输入单元,即 $F=3$,根据式(4-22)可以计算出输出隐藏单元的个数是:$\frac{5-3+2}{1}+1=5$,与图 4-16 吻合。右边那个模型是把步幅变为 2,其余不变,可以算出输出大小为:$\frac{5-3+2}{2}+1=3$,也与图 4-16 吻合。若把步幅改为 3,则式(4-22)不能整除,说明步幅为 3 不能恰好吻合输入单元大小。

另外,网络的权重展示在图 4-16 的右上角,计算方法和普通神经网络一样。

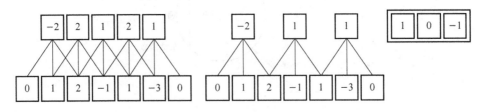

图 4-16　一维的示例

4.6.3　参数共享

应用参数共享可以大量减少参数数量，参数共享基于一个假设：如果图像中的一点(x_1, y_1)包含的特征很重要，那么它应该和图像中的另一点(x_2, y_2)一样重要。换种说法，把同一深度的平面称为深度切片，那么同一个切片应该共享同一组权重和偏置。仍然可以使用梯度下降的方法来学习这些权值，只需要对原始算法做一些小的改动，这里共享权值的梯度是所有共享参数的梯度的总和。

为什么要权重共享呢？一方面，重复单元能够对特征进行识别，而不考虑它在可视域中的位置。另一方面，权值共享能更有效地进行特征抽取，因为它极大地减少了需要学习的自由变量的个数。通过控制模型的规模，卷积网络对视觉问题可以具有很好的泛化能力。

4.6.4　卷积

如果应用参数共享，实际上每一层计算的操作就是输入层和权重的卷积。对图像和过滤器矩阵做内积（逐个元素相乘再求和）的操作就是所谓的"卷积"操作，而这也是卷积神经网络的名字来源。

为简便起见，首先考虑一个大小为 5×5 的图像和一个 3×3 的卷积核。这里的卷积核共有 9 个参数，记为 $\boldsymbol{\Theta} = [\theta_{ij}]_{3 \times 3}$。在这种情况下，卷积核实际上有 9 个神经元，它们的输出又组成一个 3×3 的矩阵，称为特征图。第一个神经元连接到图像的第一个 3×3 的局部，第二个神经元则连接到第二个局部（注意，它们之间有重叠的部分，就和人的目光扫视时也是连续扫视的原理一样）。具体如图 4-17 所示。

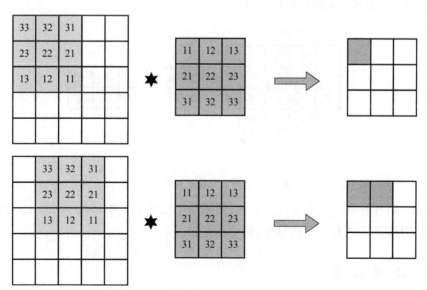

图 4-17　卷积过程

图 4-17 的上方是第一个神经元的输出,下方是第二个神经元的输出。每个神经元的运算依旧是:

$$f(x) = \text{act}\Big(\sum_{i,j}^{n}\theta_{(n-i)(n-j)}x_{ij} + b\Big) \qquad (4\text{-}23)$$

需要注意的是,在运算时,习惯使用 $\theta_{ij}\,x_{ij}$ 这种写法,但事实上,这里使用的是 $\theta_{(n-i)(n-j)}\,x_{ij}$。

回忆一下离散卷积运算。假设有二维离散函数 $f(x,y)$,$g(x,y)$,那么它们的卷积定义为:

$$f(m,n) \cdot g(m,n) = \sum_{u}^{\infty}\sum_{v}^{\infty}f(u,v)g(m-u,n-v) \qquad (4\text{-}24)$$

根据式(4-24)可以很明显地发现,上面例子中的 9 个神经元均完成输出后,实际上等价于图像和卷积核的卷积操作。

4.6.5 池化层

池化即下采样,目的是减少特征图。池化操作对每个深度切片独立,规模一般为 2×2,相对于卷积层进行卷积运算,池化层进行的运算一般有以下几种:

(1) 最大池化:取 4 个点的最大值。这是最常用的池化方法。

(2) 均值池化:取 4 个点的均值。

(3) 高斯池化:借鉴高斯模糊的方法。不常用。

(4) 可训练池化:训练函数,接受 4 个点为输入,1 个点为输出。不常用。

最常见的池化层的规模为 2×2,步幅为 2,对输入的每个深度切片进行下采样。每个 MAX 操作对 4 个数进行,如图 4-18 所示。

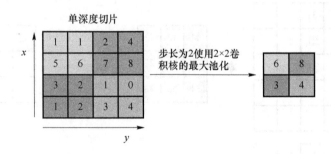

图 4-18 最大池化的操作方式

池化操作将保存深度大小不变。另外,如果池化层的输入单元大小不是 2 的整数倍,一般采取边缘补零的方式补成 2 的倍数,然后再池化。

4.6.6 全连接层

全连接层和卷积层可以相互转换:

对于任意一个卷积层,要把它变成全连接层只需要把权重变成一个巨大的矩阵,其中大部分都是 0(除一些特定区块(因为局部感知)外),而且有大量区块的权值相同(由于权重共享)。

相反地,对于任何一个全连接层,也可以转变为卷积层。比如,一个 $K=4\,096$ 的全连接层,输入层大小为 $7\times7\times512$,它可以等效为一个 $F=7,P=0,S=1,K=4\,096$ 的卷积层。换言之,把过滤器的规模刚好设置为整个输入层大小。

4.6.7　卷积神经网络架构

常见的卷积神经网络架构是这样的:

输入层→[[卷积层→线性整流层] * N→池化层] * M→[全连接层→线性整流层] * K→全连接层

堆叠几个卷积和整流层,再加一个池化层,重复这个模式直到图片已经被合并得比较小了,然后再用全连接层控制输出。

上述表达式以问号代表 0 次或 1 次,符号 N 和 M 则代表具体的数值。通常情况下,取 $N>=0\,\&\&\,N<=3,M>=0,K>=0\,\&\&\,K<3$。

4.7　卷积神经网络的应用

卷积神经网络通常在视频识别系统中使用,相比视频识别问题,具有更高难度的视频分析问题中也会经常采用卷积神经网络应用。卷积神经网络也常被用于自然语言处理,其模型被证明可以有效地处理各种自然语言处理的问题,如语义分析、搜索结果提取、句子建模、分类、预测和其他传统的 NLP 任务等。卷积神经网络还已在药物发现中使用,它被用来预测的分子与蛋白质之间的相互作用,以此来寻找靶向位点,寻找出更安全和有效的潜在治疗方法。

更多卷积神经网络相关内容

另外,卷积神经网路在计算机围棋领域也被使用。AlphaGo 对战世界围棋冠军的比赛也展示了深度学习在围棋领域中令人惊奇的各项重大突破。

如果读者想了解更多卷积神经网络相关内容,请扫描书右侧的二维码。

4.8　循环神经网络概述

在之前的章节中,已经介绍了普通神经网络与卷积神经网络,此类机器学习的算法和应用能很好地处理特定类别的任务。然而,它们的局限性在于它们都只能单独地取处理一个个的输入,前一个输入与后一个输入之间的时序或关系则被完全忽略。而在现实生活中,某些任务需要能更好地处理序列的信息,即前面的输入和后面的输入是有关系的。比如,理解一句话的意思时,孤立地理解这句话的每个词是不够的,需要处理这些词连接起来的整个序列;当处理视频时,也不能只单独分析每一帧的画面,而要分析这些帧连接起来的整个序列。这时,就需要用到深度学习领域中另一类非常重要的神经网络:循环神经网络。

循环神经网络[4]用于处理序列数据。在传统的神经网络模型中,从输入层到隐含层再到输出层,层与层之间是全连接的,每层之间的节点是无连接的。但是这种普通的神经网络对于很多问题却无能为力。例如,想要预测句子的下一个单词是什么,一般需要用到前面的单词,因为一个句子中前后单词并不是独立的。这种网络之所以称为循环神经网络,是因为一个序列当前的输出与前面的输出也有关。具体的表现形式为网络会对前面的信息进行记忆并应用于当前输出的计算中,即隐藏层之间的节点不再无连接而是有连接的,并且隐藏层的输入不仅包括输入层的输出还包括上一时刻隐藏层的输出。理论上来说,循环神经网络能够对任何长度的序列数据进行处理,但是在实践中,为了降低复杂性往往假设当前的状态只与前面的几个状态相关。

循环神经网络可以描述动态时间行为,因为和前馈神经网络接受较特定结构的输入不同,循环神经网络将状态在自身网络中循环传递,因此可以接受更广泛的时间序列结构输入。在实际的应用中,单纯循环神经网络因为无法处理随着递归、权重指数级爆炸或消失的问题,难以捕捉长期时间关联,因此诞生了在此基础上的优化与改进,长短期记忆网络(Long Short-Term Memory)就是其中常见的一种。在之后的章节中,还会详细展开介绍这些内容。

4.9　循环神经网络与语言模型

在自然语言处理领域循环神经网络是最先被用起来的。比如,利用循环神经网络为语言模型建模就是其在自然语言处理中最常见的应用。循环神经网络已经被实践证明对自然语言处理非常有效,如有更好的词向量表达、语句合法性检查、词性标注等。语言模型的意义与用途在于:当给定一个特定的输入,比如一句话前面的部分,它能预测接下来最有可能的一个词或者部分是什么。

语言模型是对一种语言的特征进行建模,它有很多不同的用处。比如,在语音转文本的应用中,声学模型输出的结果,往往是若干个可能的候选词,这时候就需要用语言模型从这些候选词中选择一个最可能的。当然,它同样也可以用在图像到文本的识别中。而机器翻译、自然语言生成等需要对自然语言文本进行处理或预测的任务中,自然也都是语言模型这种方法的用武之地。

在采用循环神经网络处理自然语言处理任务之前,语言模型主要是采用 N-Gram。N可以是一个正整数,比如通常采用的 1、2 或者 3。它的含义是,假设语段中一个词出现的概率只与前面 N 个词相关。随着 N 值的逐渐提升,N-Gram 模型理论上可能产生越来越好的效果。然而,过大的 N 值会为效率与性能带来掣肘,因为模型的复杂度与 N 的取值呈指数关系。通常,希望语言模型具备灵活性,可以用来处理任意长度的句子,在这种情况下,更加难以为 N 确定合适的取值。

基于以上原因,循环神经网络应运而生。理论上来说,循环神经网络在进行预测的时候可以考虑到上下文中的所有其他词语。

4.10 循环神经网络结构

图 4-19 展示了一个简单的循环神经网络结构,它由输入层、一个隐藏层和一个输出层组成。

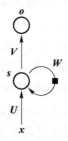

图 4-19 简单的循环神经网络结构

如果去除掉图 4-19 中右侧的弧线箭头,它就成为和普通的全连接神经网络完全相同的网络结构,而这条弧线箭头正是循环神经网络的改进之处。

下面解释图 4-19 中各部分的含义。x 是一个向量,它表示输入层的值(这里没有画出表示神经元节点的圆圈);s 是一个向量,它表示隐藏层的值(这里隐藏层面画了一个节点,也可以想象这一层其实是多个节点,节点数与向量 s 的维度相同);U 是输入层到隐藏层的权重矩阵;o 也是一个向量,它表示输出层的值;V 是隐藏层到输出层的权重矩阵。

现在来看看 W 是什么。与普通神经网络不同,循环神经网络的隐藏层的值 s 不仅仅取决于当前这次的输入 x,还取决于上一次隐藏层的值 s,而权重矩阵 W 就是隐藏层上一次的值作为这一次的输入的权重。

如果将图 4-19 展开,可以得到图 4-20 的形式。

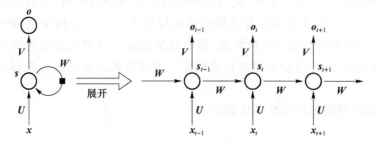

图 4-20 循环神经网络的结构

现在看上去就比较清楚了,这个循环神经网络在 t 时刻接收到输入 x_t 之后,隐藏层的值是 s_t,输出值是 o_t。关键一点是,s_t 的值不仅仅取决于 x_t,还取决于 s_{t-1}。可以用式(4-25)表示循环神经网络的计算方法:

$$\begin{cases} o_t = g(\boldsymbol{V}s_t) \\ s_t = f(\boldsymbol{U}x_t + \boldsymbol{W}s_{t-1}) \end{cases} \tag{4-25}$$

上面第一个公式是输出层的计算公式,输出层是一个全连接层,也就是它的每个节点都和隐藏层的每个节点相连。$\boldsymbol{V}$ 是输出层的权重矩阵,g 是激活函数。第二个公式是隐藏层的计算公式,它是循环层。$\boldsymbol{U}$ 是输入 x 的权重矩阵,$\boldsymbol{W}$ 是上一次的值作为这一次的输入的权重矩阵,f 是激活函数。

从式(4-25)可以看出,循环层和全连接层的区别就是循环层多了一个权重矩阵 $\boldsymbol{W}$。

展开来说,循环神经网络包含输入单元,输入集标记为 $\{x_0, x_1, \cdots, x_t, x_{t+1}, \cdots\}$,而输出单元的输出集则被标记为 $\{y_0, y_1, \cdots, y_t, y_{t+1}, \cdots\}$。RNNs 还包含隐藏单元,将其输出集标记为 $\{s_0, s_1, \cdots, s_t, s_{t+1}, \cdots\}$,这些隐藏单元完成了最为主要的工作。我们很容易发现,在图 4-20 中,有一条单向流动的信息流是从输入单元到达隐藏单元的,与此同时另一条单向流动的信息流从隐藏单元到达输出单元。在某些情况下,循环神经网络会打破后者的限制,引导信息从输出单元返回隐藏单元,这被称为反向映射过程,并且隐藏层的输入还包括上一隐藏层的状态,即隐藏层内的节点可以自连也可以互连。

4.11　循环神经网络的扩展与改进

之前章节已对循环神经网络的基本原理进行了详细讲解,本节将对基于基本循环神经网络的扩展与改进进行介绍。

4.11.1　Simple-RNN

Simple-RNN 是循环神经网络的一种特例,它是一个三层网络,并且在隐藏层增加了上下文单元,图 4-21 中的 y 便是隐藏层,u 是上下文单元。上下文单元节点与隐藏层中的节点的连接是固定的,权值也是固定的,其实是一个上下文节点与隐藏层节点一一对应,并且值是确定的。在每一步中,使用标准的前向反馈进行传播,然后使用学习算法进行学习。上下文每一个节点保存其连接的隐藏层节点的上一步的输出,即保存上文,并作用于当前步对应的隐藏层节点的状态,即隐藏层的输入由输入层的输出与上一步的状态决定。因此 Simple-RNN 能够解决标准的多层感知器无法解决的对序列数据进行预测的任务。

Simple-RNN 网络结构如图 4-21 所示。

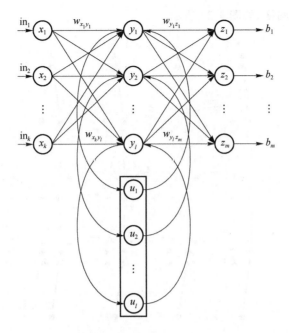

图 4-21　Simple-RNN

4.11.2　双向循环神经网络

对于语言模型来说，很多时候光看前面的词是不够的，在令神经网络对文段中的某个词进行预测的时候，往往也希望它能够考虑到后文的词语和内容。上文中介绍过的基本循环神经网络是无法对此进行建模的，因此，需要双向循环神经网络[5]，其结构如图 4-22 所示。

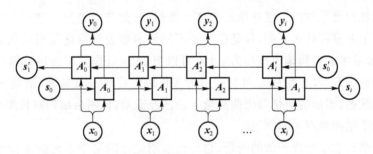

图 4-22　双向循环神经网络

从图 4-22 可以看出，双向神经网络的隐藏层要保存两个值，一个参与正向计算，另一个值则参与反向计算。双向循环神经网络的改进之处便是，假设当前的输出不仅仅与前面的序列有关，并且还与后面的序列有关。它是由两个循环神经网络上下叠加在一起组成的，而其输出则由这两个循环神经网络的隐藏层状态共同决定。

4.11.3　深度循环神经网络

前面介绍的循环神经网络只有一个隐藏层，当然也可以堆叠两个以上的隐藏层，这样就得到了深度循环神经网络，如图 4-23 所示。

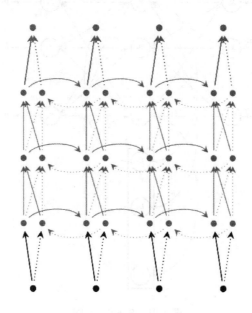

图 4-23　深度循环神经网络

深度循环神经网络与双向循环神经网络相似，只是对于每一步的输入有多层网络。这样，该网络便有更强大的表达与学习能力，但是复杂性也提高了，同时需要更多的训练数据。

4.11.4　长短期记忆网络与门控循环单元网络

长短期记忆网络[6]与门控循环单元网络[7]类似，目前非常流行。它与一般的循环神经网络结构本质上并没有什么不同，只是使用了不同的函数去计算隐藏层的状态。在长短期记忆网络中，最基本的结构单位被称为 cells，可以把 cells 看作是黑盒用以保存当前输入 x_t 之前的保存的状态 h_{t-1}，这些 cells 外加一定的条件决定哪些 cells 抑制，哪些 cells 兴奋。它们结合前面的状态、当前的记忆与当前的输入。已经证明，该网络结构对长序列依赖问题非常有效。其网络结构如图 4-24 所示。

门控循环单元意图解决相似的问题，它与长短期记忆网络中单元的结构差异如图 4-25 所示。

可以看到它们之间非常相像，不同点在于：

（1）新生成的记忆的计算方法都是根据之前的状态及输入进行计算，但是门控循环单元中有一个重置门控制之前状态的进入量，而在长短期记忆里没有这个门。

（2）产生新的状态的方式不同，长短期记忆有两个不同的门，分别是遗忘门和输入门，而门控循环单元的结构相对简单，只有一个更新门。

（3）长短期记忆对新产生的状态有一个输出门可以调节大小，而门控循环单元直接输出无任何调节。

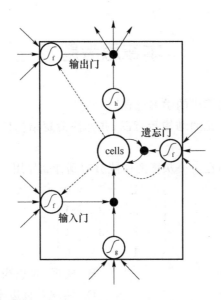

图 4-24　长短期记忆网络中的一个 cells

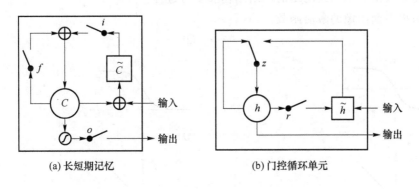

(a) 长短期记忆　　　　　　　　　　　(b) 门控循环单元

图 4-25　长短期记忆与门控循环单元

　　如果读者想了解更多循环神经网络相关内容及实现,请扫描书右侧的二维码。

4.12　本章总结

更多循环神经网络相关内容

　　本章首先介绍了神经网络的基础感知器模型的原理及激活函数相关内容,之后从原理及公式推导方面讲解了神经网络的结构与前向传播及反向传播算法,最后在普通神经网络的基础之上,详细介绍了卷积神经网络及循环神经网络的原理、结构、应用及演变模型。

　　作为深度学习及计算机视觉的基础及重要组成部分,神经网络及卷积神经网络等是利用深度学习解决计算机视觉相关问题及应用的有力工具。对本章的充分学习,可为之后章节有关计算机视觉具体任务及应用的学习做好准备。

本章思考题

（1）简要写出反向传播算法的学习过程。

（2）简要画出简单神经元的结构示意图，并标注清楚结构模型每一部分代表符号及其代表的意义。

（3）将下面卷积核应用在一个灰度图中能够起到什么作用？（   ）

$$\begin{pmatrix} 0 & 1 & -1 & 0 \\ 1 & 3 & -3 & -1 \\ 1 & 3 & -3 & -1 \\ 0 & 1 & -1 & 0 \end{pmatrix}$$

A. 实现水平边缘检测   B. 实现 45°边缘检测

C. 实现图像对比检测   D. 实现垂直边缘检测

（4）简要写出卷积神经网络的网络结构及学习过程。

（5）写出下面图像的激活函数。

①
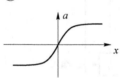

②
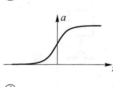

③
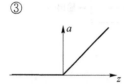

④
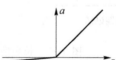

（6）为什么 LSTM 记忆的时间较长？

（7）简述"池化"操作的含义，并列举自己知道的池化操作方式。

（8）简要写出循环神经网络的网络结构及学习过程。

本章参考文献

[1] ROSENBLATT F. The perceptron：a probabilistic model for information storage and organization in the brain[J]. Psychological review，1958，65(6)：386.

[2] RUMELHART D E，HINTON G E，WILLIAMS R J. Learning representations by back-propagating errors[J]. Cognitive modeling，1988，5(3)：1.

[3] LECUN Y，BOTTOU L，BENGIO Y，et al. Gradient-based learning applied to document recognition[J]. Proceedings of the IEEE，1998，86(11)：2278-2324.

[4] ROGERS T T，MCCLELLAND J L. Parallel distributed processing at 25：Further

explorations in the microstructure of cognition[J]. Cognitive science，2014，38(6)：1024-1077.

[5]　SCHUSTER M，PALIWAL K K. Bidirectional recurrent neural networks[J]. IEEE Transactions on Signal Processing，1997，45(11)：2673-2681.

[6]　HOCHREITER S，SCHMIDHUBER J. Long short-term memory[J]. Neural computation，1997，9(8)：1735-1780.

[7]　CHO K，VAN MERRIËNBOER B，GULCEHRE C，et al. Learning phrase representations using RNN encoder-decoder for statistical machine translation[J]. arXiv preprint arXiv:1406. 1078，2014.

第5章

物体分类与识别

本章思维导图

本章将介绍深度学习复兴以来的经典的深度卷积神经网络，包括 DCNN 的开山之作 AlexNet、深度更深而结构优雅的 VGG 网络、性能优良的 GoogLeNet，以及大大提高网络深度的 ResNet，并针对这些网络的创新点、改进思路等逐一作分析。在 5.3 节中将对迁移学习作简要介绍，读者将从中了解使用迁移学习进行图像分类的两种常用策略。

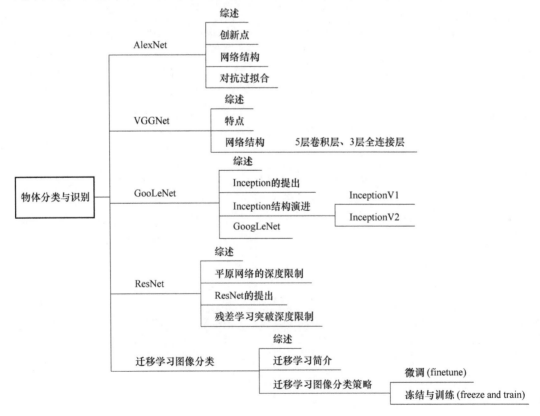

图像分类可以定义为将图像划分为若干预定义类别之一的任务,是计算机视觉中的基本问题。它构成了其他计算机视觉任务的基础,如目标检测和语义分割。虽然这项任务可以被认为是人类的第二天性,但对于自动化系统来说却极具挑战性,因为视角的变化、类型多样等都会使物体特征具有极大的可变性。传统上,通过两个阶段来解决分类问题。首先使用特征描述符从图像中提取人为设计的特征,并且这些特征描述符用作可训练分类器的输入。例如,利用 HOG(梯度方向直方图)特征对图片进行分类,HOG 特征就是人为设计的特征,特征描述符就是用来计算 HOG 的算子。这种方法的主要障碍是分类任务的准确性在很大程度上取决于特征提取阶段的设计,应该设计什么样的特征才更好,这是理论性极强的一项十分艰巨的任务。

近年来,已经证明利用多层非线性信息处理、特征提取和转换以及模式分析的深度学习模型可以克服这些困难。其中,卷积神经网络已成为大多数图像识别、分类和检测任务的领先架构,它所能提取的深度特征可以大大提升分类效果。尽管取得了一些早期成功,深度卷积神经网络(DCNNs)真正进入人们的视野,是在深度学习复兴之后。这是由 GPU、更大的数据集和更好的算法推动的。

5.1 从 AlexNet 到 GoogLeNet

AlexNet、VGGNet 和 GoogLeNet 是早期深度卷积神经网络的典型代表,相较于更早之前的浅层网络,它们的网络深度有了相当大的提高,同时也针对网络加深带来的一系列问题,提出了一系列改进、优化的方法,奠定了深度学习的基础。下面对这三种神经网络逐一进行介绍。

5.1.1 AlexNet

2006 年深度学习复兴以来,卷积神经网络应用到了许多任务中,包括图像分类和识别、人脸检测和语义分割等,同时也在场景解析、无人驾驶和手势识别中有很不错的应用。尽管如此,早期深度学习仍然不是计算机视觉和机器学习的主流,直到 2012 年 ILSVRC(ImageNet Large Scale Visual Recognition Competition)比赛时,Alex Krizhevsky 等人的全监督的深度卷积神经网络模型打破了分类任务的准确度纪录,以高出第二名 10% 的性能取得了冠军,Alex 将它起名为 AlexNet[1]。AlexNet 是计算机视觉领域的革命性成果,从此深度卷积神经网络成为大多数视觉任务的主导的结构。

本节将介绍 AlexNet 的主要创新点和网络结构,并阐述 Alex 在对抗过拟合问题上采取的方法。

1. AlexNet 的创新点

(1) ReLU 激活函数

与使用传统的 sigmoid 或者 tanh 作为激活函数不同,AlexNet 使用 ReLU 作为激活函数,大大加快了训练速度。sigmoid 或者 tanh 这两种函数最大的缺点是其饱和性,当输入的 x 过大或过小时,函数的输出会非常接近 +1 和 -1,在这里斜率会非常小,那么在训练时引用梯度下降时,其饱和性会使梯度非常小,严重降低了网络的训练速度。而 ReLU 的函数表达式为 max($0,x$),当 $x>0$ 时输出为 x,斜率恒为 1,在实际使用时,神经网络的收敛速度要快过传统的激活函数数 10 倍。对于一个四层的神经网络,利用 CIFAR-10 数据集进行训练,使用 ReLU 函数达到 25% 错误率需要的迭代数是 tanh 函数所需迭代数的 1/6。而对于大型的数据集,使用更深的神经网络,ReLU 对训练的加速更为明显。

（2）局部响应归一化

受到局部对比归一化的启发,AlexNet 使用了局部响应归一化（Local Response Normalization）。在使用饱和型的激活函数时,通常需要对输入进行归一化处理,以利用激活函数在 0 附近的线性特性与非线性特性,并避免饱和,但对于 ReLU 函数,不需要输入归一化。然而,Alex 等人发现通过 LRN 这种归一化方式可以帮助提高网络的泛化性能。LRN 的作用是,对位置(x,y)处的像素计算其与几个相邻的特征图的像素值的和,并除以这个和来归一化。特征图的顺序可以是任意的,在训练开始前确定顺序即可。在 AlexNet 中,LRN 层位于 ReLU 之后。在论文中,Alex 指出应用 LRN 后 top-1 和 top-5 错误率分别提升了 1.4% 和 1.2%。

若想了解局部响应归一化的具体实现,请扫描书右侧的二维码。

（3）重叠池化（overlap pooling）

通过 overlapping pooling（池化的大小大于步进）,Alexnet 进一步降低了分类误差。作者提到,使用这种池化可以在一定程度上减小过拟合现象。具体细节见本章参考文献[1]。

LRN 解析

2. AlexNet 的总体结构

AlexNet 的总体结构如图 5-1 所示。AlexNet 包括由 5 个卷积层组成的特征提取网络和 3 个全连接层组成的分类器。

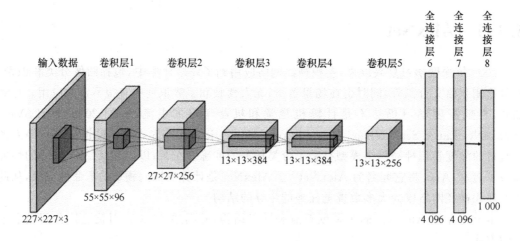

图 5-1　AlexNet 总体结构

3. 对抗过拟合

AlexNet 整个网络一共有 6×10^7 个参数,很容易产生过拟合的现象,Alex 采用两种方法对抗过拟合。

（1）数据增强

对抗过拟合最简单有效的办法就是扩大训练集的大小，AlexNet 中使用了两种增加训练集大小的方式。

① 随机裁剪和水平翻转

对原始的 256×256 大小的图片随机裁剪为 224×224 大小，并进行随机翻转，这两种操作相当于把训练集扩大了 $32\times32\times2=2\,048$ 倍。在测试时，AlexNet 把输入图片与其水平翻转在 4 个角处与正中心共 5 个地方各裁剪下 224×224 大小的子图，即共裁剪出 10 个子图，均送入 AlexNet 中，并把 10 个 softmax 输出求平均。如果没有这些操作，AlexNet 将出现严重的过拟合，使网络的深度不能达到这么深。

② 主成分分析

AlexNet 对 RGB 通道使用了 PCA（主成分分析），对每个训练图片的每个像素，提取出 RGB 三个通道的特征向量与特征值，对每个特征值乘以一个 α，α 是一个均值为 0.1、方差服从高斯分布的随机变量。

若想了解主成分分析的原理和实现，请扫描书右侧的二维码。

（2）dropout

dropout 是神经网络中一种非常有效的减少过拟合的方法，如图 5-2 所示。对每个神经元设置一个 keep_prob 用来表示这个神经元被保留的概率，如果神经元没被保留，换句话说这个神经元被"dropout"了，那么这个神经元

PCA 介绍

的输出将被设置为 0，在梯度反向传播时，传播到该神经元的值也为 0，因此可以认为神经网络中不存在这个神经元；而在下次迭代中，所有神经元将会根据 keep_prob 被重新随机 dropout。相当于每次迭代，神经网络的拓扑结构都会有所不同，这就会迫使神经网络不会过度依赖某几个神经元或者说某些特征，因此，神经元会被迫去学习更具有鲁棒性的特征。

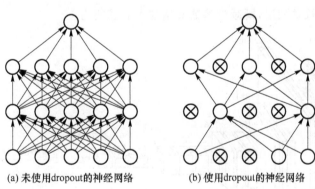

(a) 未使用dropout的神经网络　　　　(b) 使用dropout的神经网络

图 5-2　dropout 示意图

在 AlexNet 中，在训练时，每层的 keep_prob 被设置为 0.5，而在测试时，所有的 keep_prob 都为 1.0，也即关闭 dropout，并把所有神经元的输出均乘以 0.5，保证训练时和测试时输出的均值接近。当然，dropout 只用于全连接层。

4. 小结

本节介绍了 AlexNet 的主要创新点，包括使用 ReLU 激活函数替代 sigmoid 函数加快训练速度、使用 LRN 增强网络泛化能力、使用 overlap pooling 的技巧等，展示了 AlexNet

的网络结构,以及讲述了 AlexNet 作者在对抗过拟合过程中所采用的数据增强和 dropout。

AlexNet 之后,深度卷积神经网络主宰了几乎所有的图形分类的比赛。为了理解卷积神经网络强大而神秘的特征提取能力,也为了能更进一步地改进网络的性能,2014 年 Zeiler 等人提出使用反卷积网络来可视化卷积神经网络隐藏层学习到的特征。利用可视化技术,改进卷积神经网络有了相对明朗的方向,因此在 ILSVRC2013 上,很多参赛的模型,无论在准确度上,还是在泛化能力上都超过了 AlexNet。

5.1.2　VGGNet

2014 年,牛津大学计算机视觉组(Visual Geometry Group)和 Google DeepMind 公司的研究员一起研发出了新的深度卷积神经网络:VGGNet,并取得了 ILSVRC2014 比赛分类项目的第二名(第一名是 GoogLeNet,也是同年提出的)和定位项目的第一名。

VGGNet[2] 探索了卷积神经网络的深度与其性能之间的关系,成功地构筑了 16～19 层深的卷积神经网络,证明了增加网络的深度能够在一定程度上影响网络最终的性能,使错误率大幅下降,同时拓展性又很强,迁移到其他图片数据上的泛化性也非常好。到目前为止,VGG 仍然常常被用来提取图像特征。

本节将介绍 VGG 的特点和网络结构,并剖析 VGG 的图像处理过程,从中体会 VGG 优雅而简洁的结构,并展示 VGG 的评估结果。

1. VGG 的特点

(1) 结构简洁

如图 5-3 所示,VGG 由 5 层卷积层、3 层全连接层、softmax 输出层构成,层与层之间使用 max pooling(最大化池)分开,所有隐层的激活单元都采用 ReLU 函数。VGG 网络包含多个层叠的小卷积核卷积层,既减少参数又增加了表达能力。

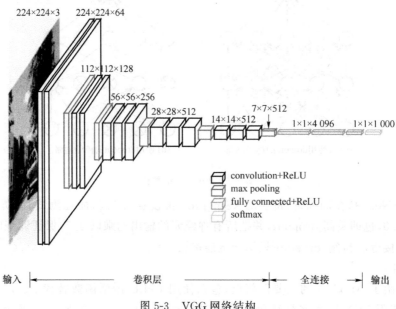

图 5-3　VGG 网络结构

（2）小卷积核和多卷积子层

VGG 使用多个较小卷积核（3×3）的卷积层代替一个卷积核较大的卷积层，一方面可以减少参数，另一方面相当于进行了更多的非线性映射，可以增加网络的拟合/表达能力。

小卷积核是 VGG 的一个重要特点，虽然 VGG 是在模仿 AlexNet 的网络结构，但没有采用 AlexNet 中比较大的卷积核尺寸（如 7×7），而是通过降低卷积核的大小（3×3），增加卷积子层数来达到同样的性能（VGG 为从 1 到 4 卷积子层；AlexNet 为 1 子层）。

VGG 的作者认为两个 3×3 的卷积堆叠获得的感受野大小，相当一个 5×5 的卷积；而 3 个 3×3 卷积的堆叠获取到的感受野相当于一个 7×7 的卷积。这样既可以增加非线性映射，也能很好地减少参数（例如，7×7 的参数为 49 个，而 3 个 3×3 的参数为 27 个）。

（3）小池化核

相比 AlexNet 的 3×3 的池化核，VGG 全部采用 2×2 的池化核。

（4）通道数多

VGG 网络第一层的通道数为 64，后面每层都进行了翻倍，最多到 512 个通道，通道数的增加使得更多的信息可以被提取出来。

（5）层数更深、特征图更宽

卷积核专注于扩大通道数、池化专注于缩小宽和高，使得模型架构更深更宽的同时，控制了计算量的增加。

（6）全连接转卷积（测试阶段）

这也是 VGG 的一个特点，在网络测试阶段将训练阶段的三个全连接替换为三个卷积，使得测试得到的全卷积网络没有全连接的限制，因而可以接收任意宽或高维的输入，这在测试阶段很重要。

如图 5-3 所示，输入图像是 224×224×3，如果后面三个层都是全连接，那么在测试阶段就只能将测试的图像全部缩放到 224×224×3，才能符合后面全连接层的输入数量要求，这不便于测试工作的开展。

而"全连接转卷积"替换过程如图 5-4 所示。使用卷积操作替代全连接操作，可使输入图片的尺寸不受约束。

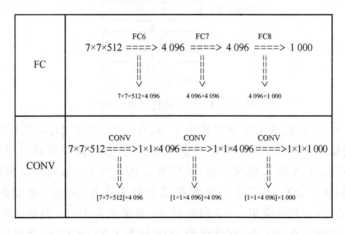

图 5-4　全连接转化成卷积操作示意图

2. VGG 的网络结构

图 5-5 是来自论文"Very Deep Convolutional Networks for Large-Scale Image Recognition"[2]（基于深层卷积网络的大规模图像识别）的 VGG 网络结构，正是这篇论文提出了 VGG。

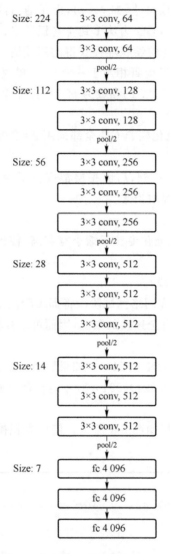

图 5-5　VGG16 简化网络示意图

如表 5-1 所示，在这篇论文中分别使用了 A、A-LRN、B、C、D、E 这 6 种网络结构进行测试。这 6 种网络结构相似，都是由 5 层卷积层、3 层全连接层组成，区别在于每个卷积层的子层数量不同，从 A 到 E 依次增加（子层数量从 1 到 4），总的网络深度从 11 层到 19 层（添加的层以粗体显示）。表 5-1 中的卷积层参数表示为"conv〈感受野大小〉－通道数〉"。例如，con3-128，表示使用 3×3 的卷积核，通道数为 128。为简洁起见，在表 5-1 不显示 ReLU 激活功能。表 5-1 中，网络结构 D 就是著名的 VGG16，网络结构 E 就是著名的 VGG19。

表 5-1　不同结构的 VGG 网络结构

				VGG16	VGG19
ConvNet Configuration					
A	A-LRN	B	C	D	E
11 weight layers	11 weight layers	13 weight layers	16 weight layers	16 weight layers	19 weight layers
input(224×224 RGB image)					
conv3-64	conv3-64 LRN	conv3-64 conv3-64	conv3-64 conv3-64	conv3-64 conv3-64	conv3-64 conv3-64
maxpool					
conv3-128	conv3-128	conv3-128 conv3-128	conv3-128 conv3-128	conv3-128 conv3-128	conv3-128 conv3-128
maxpool					
conv3-256 conv3-256	conv3-256 conv3-256	conv3-256 conv3-256	conv3-256 conv3-256 conv1-256	conv3-256 conv3-256 conv3-256	conv3-256 conv3-256 conv3-256 conv3-256
maxpool					
conv3-512 conv3-512	conv3-512 conv3-512	conv3-512 conv3-512	conv3-512 conv3-512 conv1-512	conv3-512 conv3-512 conv3-512	conv3-512 conv3-512 conv3-512 conv3-512
maxpool					
conv3-512 conv3-512	conv3-512 conv3-512	conv3-512 conv3-512	conv3-512 conv3-512 conv1-512	conv3-512 conv3-512 conv3-512	conv3-512 conv3-512 conv3-512 conv3-512
maxpool					
FC-4096					
FC-4096					
FC-1000					
soft-max					

以网络结构 D(VGG16)为例,介绍其处理过程如下(请对比表 5-1 和图 5-3,留意图中的数字变化,有助于理解):

① 输入 224×224×3 的图片,经 64 个 3×3 的卷积核作两次卷积＋ReLU,卷积后的尺寸变为 224×224×64;

② 作 max pooling(最大化池化),池化单元尺寸为 2×2(效果为图像尺寸减半),池化后的尺寸变为 112×112×64;

③ 经 128 个 3×3 的卷积核作两次卷积＋ReLU,尺寸变为 112×112×128;

④ 作 2×2 的 max pooling 池化,尺寸变为 56×56×128;

⑤ 经 256 个 3×3 的卷积核作三次卷积＋ReLU,尺寸变为 56×56×256;

⑥ 作 2×2 的 max pooling 池化,尺寸变为 28×28×256;

⑦ 经 512 个 3×3 的卷积核作三次卷积＋ReLU,尺寸变为 28×28×512;

⑧ 作 2×2 的 max pooling 池化,尺寸变为 14×14×512;

⑨ 经 512 个 3×3 的卷积核作三次卷积＋ReLU,尺寸变为 14×14×512;

⑩ 作 2×2 的 max pooling 池化,尺寸变为 7×7×512;

⑪ 与两层 1×1×4 096,一层 1×1×1 000 进行全连接＋ReLU(共三层);

⑫ 通过 softmax 输出 1 000 个预测结果。

以上就是 VGG16(网络结构 D)各层的处理过程,A、A-LRN、B、C、E 其他网络结构的处理过程与之类似。

从上面的过程可以看出,VGG 网络结构很简洁,都是由小卷积核、小池化核、ReLU 组合而成。其简化过程如图 5-5 所示(以 VGG16 为例)。

A、A-LRN、B、C、D、E 这 6 种网络结构的深度虽然从 11 层增加至 19 层,但参数量变化不大,如表 5-2 所示。这是由于基本上都是采用了小卷积核(3×3,只有 9 个参数),这 6 种结构的参数数量(百万级)并未发生太大变化,这是因为在网络中,参数主要集中在全连接层。

表 5-2　VGG 网络参数数量　　　　　　　　(数量级:百万)

Network	A, A-LRN	B	C	D	E
Number of parameters	133	133	134	138	144

VGG 作者对 A、A-LRN、B、C、D、E 这 6 种网络结构进行单尺度的评估,错误率结果如表 5-3 所示。S 和 Q 表示输入图像的尺寸。

表 5-3　VGG 网络评估结果

ConvNet config. (Table 1)	smallest image side		top-1 val. error(%)	top-5 val. error(%)
	train(S)	test(Q)		
A	256	256	29.6	10.4
A-LRN	256	256	29.7	10.5
B	256	256	28.7	9.9
C	256	256	28.1	9.4
	384	384	28.1	9.3
	[256;512]	384	27.3	8.8
D	256	256	27.0	8.8
	384	384	26.8	8.7
	[256;512]	384	25.6	8.1
E	256	256	27.3	9.0
	384	384	26.9	8.7
	[256;512]	384	25.5	8.0

从表 5-3 可以看出:

① LRN 层无性能增益(A-LRN)。VGG 作者通过网络 A-LRN 发现,AlexNet 曾经用到的 LRN 层(Local Response Normalization,局部响应归一化)并没有带来性能的提升,因

此在其他组的网络中均没再出现 LRN 层。

② 随着深度增加,分类性能逐渐提高(A、B、C、D、E)。从 11 层的 A 到 19 层的 E,网络深度的增加对 top1 和 top5 错误率的下降的影响很明显。

③ 多个小卷积核比单个大卷积核性能好(B)。VGG 作者做了实验用 B 和自己一个不在实验组里的较浅网络比较,较浅网络用 conv5×5 来代替 B 的两个 conv3×3,结果显示多个小卷积核比单个大卷积核效果要好。

3. 小结

本节讲解了 VGG 网络的特点,展示了 VGG 网络的总体结构,深入解析 VGG16 的图像处理过程并展示了 VGG 网络在验证集上的评估结果。关于 VGG 的几个关键点总结如下:

(1) 通过增加深度能有效地提升性能;

(2) 最佳模型 VGG16 从头到尾只有 3×3 卷积与 2×2 池化,简洁优美;

(3) 卷积可代替全连接,可适应各种尺寸的图片。

5.1.3　GoogLeNet

2014 年,GoogLeNet[3] 和 VGG 是当年 ImageNet 挑战赛(ILSVRC14)的双雄,GoogLeNet 获得了第一名,VGG 获得了第二名,这两类模型结构的共同特点是层次更深了。VGG 继承了 LeNet 以及 AlexNet 的一些框架结构,而 GoogLeNet 则做了更加大胆的网络结构尝试,虽然深度只有 22 层,但大小却比 AlexNet 和 VGG 小很多,GoogLeNet 的参数为 500 万个,AlexNet 的参数个数是 GoogLeNet 的 12 倍,VGGNet 的参数是 AlexNet 的 3 倍,因此在内存或计算资源有限时,GoogLeNet 是比较好的选择;从模型结果来看,GoogLeNet 的性能却更加优越。

本节将介绍 GoogLeNet 的核心 Inception 模块的提出和演进,以 Inception v1 和 Inception v2 为例介绍 GoogLeNet 优化卷积神经网络的思路和创新点,详细分析 GoogLeNet 提升性能的细节之处。

1. Inception 的提出

一般来说,提升网络性能最直接的办法就是增加网络深度和宽度,深度指网络层次数量、宽度指神经元数量。但这种方式存在以下问题:

(1) 参数太多,如果训练数据集有限,很容易产生过拟合;

(2) 网络越大,参数越多,计算复杂度越大,难以应用;

(3) 网络越深,越容易出现梯度弥散问题(梯度越往后传越容易消失),难以优化模型。

所以,有人调侃“深度学习”其实是“深度调参”。

解决这些问题的方法当然就是在增加网络深度和宽度的同时减少参数,为了减少参数,自然就想到将全连接变成稀疏连接。但是在实现上,全连接变成稀疏连接后实际计算量并不会有质的提升,因为大部分硬件是针对密集矩阵计算优化的,稀疏矩阵虽然数据量少,但是计算所消耗的时间却很难减少。

那么,有没有一种方法既能保持网络结构的稀疏性,又能利用密集矩阵的高计算性能。大量的文献表明可以将稀疏矩阵聚类为较为密集的子矩阵来提高计算性能,就如人类的大脑是可以看作是神经元的重复堆积,因此,GoogLeNet 团队提出了 Inception 网络结构,就是构造一种"基础神经元"结构,来搭建一个稀疏性、高计算性能的网络结构。

2. Inception 结构演进

Inception 历经了 V1、V2、V3、V4 等多个版本的发展,不断趋于完善,下面介绍早期的 V1、V2 版本。

(1) Inception V1

设计一个稀疏网络结构,能够产生稠密的数据,既能增加神经网络表现,又能保证计算资源的使用效率。基于这一构想,谷歌提出了最原始 Inception 的基本结构,如图 5-6 所示。并行的 3 个卷积层和 1 个最大池化层组成了 Inception 原始模块。

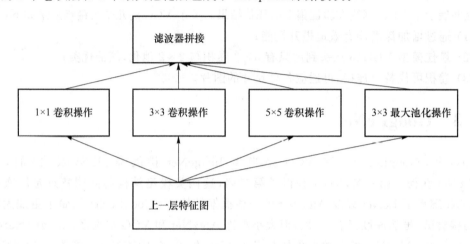

图 5-6 Inception 的原始结构

Inception 原始结构将 CNN 中常用的卷积(1×1,3×3,5×5)、池化操作(3×3-s1)堆叠在一起(卷积、池化后的尺寸相同,将通道拼接起来),一方面增加了网络的宽度,另一方面也增加了网络对尺度的适应性。

网络卷积层中的网络能够提取输入的每一个细节信息,同时 5×5 的滤波器也能够覆盖大部分接受层的输入。还可以进行一个池化操作,以减少空间大小,降低过度拟合。在这些层之上,在每一个卷积层后都要做一个 ReLU 操作,以增加网络的非线性特征。

然而这个 Inception 原始版本,所有的卷积核都在上一层的所有输出上来做,拼接以后特征图的厚度很大,同时那个 5×5 的卷积核所需的计算量太大了。为了避免这种情况,在 3×3 前、5×5 前、max pooling 后分别加上了 1×1 的卷积核,以起到降低特征图厚度(降维)的作用,这就形成了 Inception V1 的网络结构,如图 5-7 所示。

1×1 卷积的主要目的是减少维度,还用于修正线性激活(ReLU)。比如,上一层的输出为 $100\times100\times128$,经过具有 256 个通道的 5×5 卷积层之后(stride=1,pad=2),输出数据为 $100\times100\times256$,其中,卷积层的参数为 $128\times5\times5\times256=819\,200$。而假如上一层输出先经过具有 32 个通道的 1×1 卷积层,再经过具有 256 个输出的 5×5 卷积层,那么输出数据仍为 $100\times100\times256$,但卷积参数量已经减少为 $128\times1\times1\times32 + 32\times5\times5\times256=204\,800$,大约减少为原来的 1/4。

基于 Inception 构建了 GoogLeNet 的网络结构如图 5-8 所示。GoogLeNet 一共 22 层,conv $3\times3 + 1$(s)表示卷积核尺寸为 3×3、步长 stride 为 1 的卷积层,依此类推。

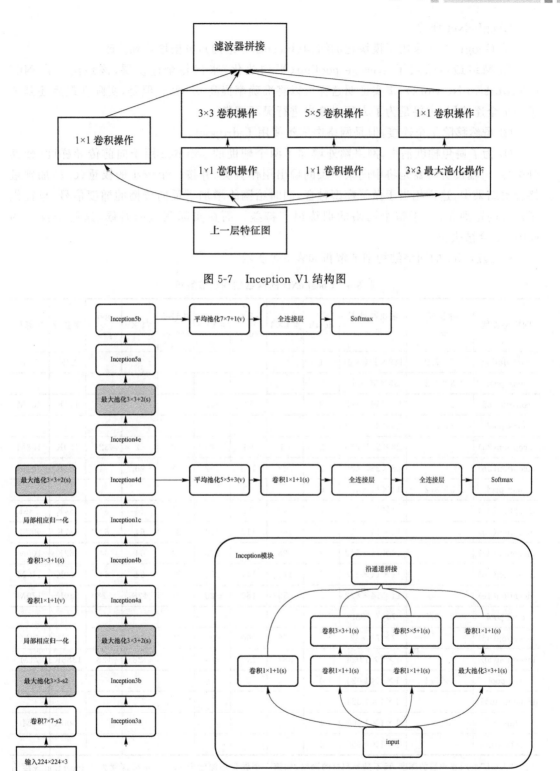

图 5-7 Inception V1 结构图

图 5-8 GoogLeNet 结构图

GoogLeNet 详解：

① GoogLeNet 采用了模块化的结构（Inception 结构），方便增添和修改。

② 网络最后采用了 average pooling（平均池化）来代替全连接层，该想法来自 NIN（Network in Network），事实证明这样可以将准确率提高 0.6％。但是，实际在最后还是加了一个全连接层，主要是为了方便对输出进行灵活调整。

③ 虽然移除了全连接，但是网络中依然使用了 dropout。

④ 为了避免梯度消失，网络额外增加了两个辅助的 softmax 用于向前传导梯度（辅助分类器）。辅助分类器是将中间某一层的输出用作分类，并按一个较小的权重（0.3）加到最终分类结果中，这样相当于做了模型融合，同时给网络增加了反向传播的梯度信号，也提供了额外的正则化，对于整个网络的训练很有裨益。而在实际测试的时候，这两个额外的 softmax 会被去掉。

GoogLeNet 的网络结构细节解析如表 5-4 所示。

表 5-4　GoogLeNet 的网络结构细节解析

网络层类型	卷积核/步长	输出特征图尺寸	depth	♯1×1	♯3×3 reduce	♯3×3	♯5×5 reduce	♯5×5	pool proj	参数量	运算量
convolution	7×7/2	112×112×64	1							27K	34M
max pool	3×3/2	56×56×64	0								
convolution	3×3/1	56×56×192	2		64	192				112K	360M
max pool	3×3/2	28×28×192	0								
inception(3a)		28×28×256	2	64	96	128	16	32	32	159K	128M
inception(3b)		28×28×480	2	128	128	192	32	96	94	380K	304M
max pool	3×3/2	14×14×480	0								
inception(4a)		14×14×512	2	192	96	208	16	48	64	364K	73M
inception(4b)		14×14×512	2	160	112	224	24	64	64	437K	88M
inception(4c)		14×14×512	2	128	128	256	24	64	64	463K	100M
inception(4d)		14×14×528	2	112	144	288	32	64	64	580K	119M
inception(4e)		14×14×832	2	256	160	320	32	128	128	840K	170M
max pool	3×3/2	7×7×832	0								
inception(5a)		7×7×832	2	256	160	320	32	128	128	1072K	54M
inception(5b)		7×7×1 024	2	384	192	384	48	128	128	1388K	71M
avg pool	7×7/1	1×1×1 024	0								
dropout(40％)		1×1×1 024	0								
linear		1×1×1 000	1							1000K	1M
softmax		1×1×1 000	0								

注："depth"表示卷积层的深度，而不是卷积核的深度，如第一个卷积层深度为 1，max pool 深度为 0，Inception 深度为 2；"♯3×3 reduce"，"♯5×5 reduce"表示在 3×3，5×5 卷积操作之前使用的 1×1 卷积的卷积核数，"pool proj"表示 Inception 模块中 max pooling 之后的 1×1 卷积的卷积核数。

① 输入

原始输入图像为 224×224×3,且都进行了零均值化的预处理操作(图像每个像素减去均值)。

② 第一层(卷积层)

使用 7×7 的卷积核(滑动步长 2,padding 为 3),64 通道,输出为 112×112×64,卷积后进行 ReLU 操作。

经过 3×3 的 max pooling(步长为 2),输出为((112−3+1)/2)+1=56,即 56×56×64,再进行 ReLU 操作。

③ 第二层(卷积层)

使用 3×3 的卷积核(滑动步长为 1,padding 为 1),192 通道,输出为 56×56×192,卷积后进行 ReLU 操作。

经过 3×3 的 max pooling(步长为 2),输出为((56−3+1)/2)+1=28,即 28×28×192,再进行 ReLU 操作。

④ 第三层(Inception 3a 层)

分为四个分支,采用不同尺度的卷积核来进行处理:

- 64 个 1×1 的卷积核,然后 ReLU,输出 28×28×64;
- 96 个 1×1 的卷积核,作为 3×3 卷积核之前的降维,变成 28×28×96,然后进行 ReLU 计算,再进行 128 个 3×3 的卷积(padding 为 1),输出 28×28×128;
- 16 个 1×1 的卷积核,作为 5×5 卷积核之前的降维,变成 28×28×16,进行 ReLU 计算后,再进行 32 个 5×5 的卷积(padding 为 2),输出 28×28×32;
- pool 层,使用 3×3 的核(padding 为 1),输出 28×28×192,然后进行 32 个 1×1 的卷积,输出 28×28×32。

将四个结果进行连接,对这四部分输出结果的第三维并联,即 64+128+32+32=256,最终输出 28×28×256。

⑤ 第四层(Inception 3b 层)

- 128 个 1×1 的卷积核,然后 ReLU,输出 28×28×128;
- 128 个 1×1 的卷积核,作为 3×3 卷积核之前的降维,变成 28×28×128,进行 ReLU,再进行 192 个 3×3 的卷积(padding 为 1),输出 28×28×192;
- 32 个 1×1 的卷积核,作为 5×5 卷积核之前的降维,变成 28×28×32,进行 ReLU 计算后,再进行 96 个 5×5 的卷积(padding 为 2),输出 28×28×96;
- pool 层,使用 3×3 的核(padding 为 1),输出 28×28×256,然后进行 64 个 1×1 的卷积,输出 28×28×64。

将 4 个结果进行连接,对这四部分输出结果的第三维并联,即 128+192+96+64=480,最终输出输出为 28×28×480。

第四层(4a,4b,4c,4d,4e)、第五层(5a,5b)……与 3a、3b 类似,在此就不再重复。

实验结果

GoogLeNet 与其他网络对比结果如表 5-5 所示,GoogLeNet 取得了当时最好的成绩。从实验结果来看,GoogLeNet top5 差错率比 MSRA、VGG 等模型都要低。Top5 差错率表示预测的前 5 大可能性的类别都不正确的比例。"Uses external data"表示是否使用其他的训练数据。

表 5-5　GoogLeNet 与其他网络对比实验结果

团队	发表年份	名次	前五大预测差错率	使用额外的训练数据
SuperVision	2012	1st	16.4%	no
SuperVision	2012	1st	15.3%	Imagenet 22k
Clarifai	2013	1st	11.7%	no
Clarifai	2013	1st	11.2%	Imagenet 22k
MSRA	2014	3rd	7.35%	no
VGG	2014	2nd	7.32%	no
GoogLeNet	2014	1st	6.67%	no

（2）Inceptipon V2[4]

GoogLeNet 凭借其优秀的表现，得到了很多研究人员的青睐，因此 GoogLeNet 团队又对其进行了进一步发掘改进，产生了升级版本的 GoogLeNet。

GoogLeNet 设计的初衷就是要又准又快，而如果只是单纯的堆叠网络虽然可以提高准确率，但是会导致计算效率明显下降，所以如何在不增加过多计算量的同时提高网络的表达能力就成为了一个问题。

Inception V2 版本的解决方案就是修改 Inception 的内部计算逻辑，提出了比较特殊的"卷积"计算结构。

① 卷积分解（Factorizing Convolutions）

大尺寸的卷积核可以带来更大的感受野，但也意味着会产生更多的参数，比如 5×5 卷积核的参数有 25 个，3×3 卷积核的参数有 9 个，前者是后者的 $25/9 = 2.78$ 倍。因此，GoogLeNet 团队提出可以用 2 个连续的 3×3 卷积层组成的小网络来代替单个的 5×5 卷积层，在保持感受野范围的同时减少了参数量，如图 5-9 所示。

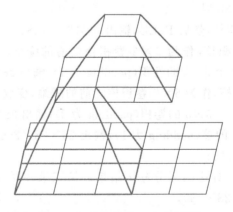

图 5-9　2 个连续的 3×3 卷积层

大量实验表明，这种替代方案并不会造成表达缺失。可以看出，大卷积核完全可以由一系列的 3×3 卷积核来替代。

② 降低特征图大小

一般情况下，如果想让图像缩小，有两种方式，如图 5-10 所示。

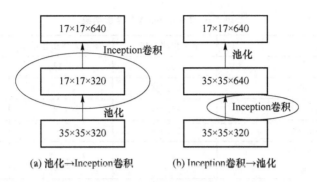

图 5-10　降低特征图的两种方法

先池化再作 Inception 卷积或者先作 Inception 卷积再作池化。前者会导致特征表示遇到瓶颈（特征缺失），后者是正常的缩小，但计算量很大。为了同时保持特征表示且降低计算量，修改网络结构为图 5-11，使用两个并行化的模块来降低计算量（卷积、池化并行执行，再进行合并）。

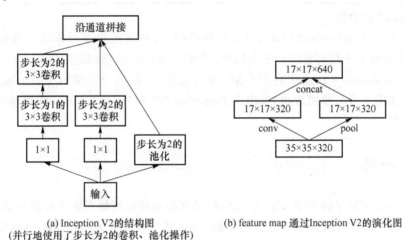

(a) Inception V2 的结构图
(并行地使用了步长为 2 的卷积、池化操作)

(b) feature map 通过 Inception V2 的演化图

图 5-11　Inception V2 模块

③ Batch Normalization

Inception V2 的一大亮点是加入了 BN 层，减少了 Internal Covariate Shift（内部 neuron 的数据分布发生变化），使每一层的输出都规范化到一个 N（0，1）的高斯，从而增加了模型的鲁棒性，可以以更大的学习速率训练，收敛更快，初始化操作更加随意，同时作为一种正则化技术，可以减少 dropout 层的使用。

若想了解 BN 层的具体实现，请扫描书右侧的二维码。

实验表明，模型结果与旧的 GoogLeNet 相比有较大提升，如表 5-6 所示。Inception V2 相比于 GoogLeNet 有较大提升。Top-1 Error 指预测的置信度最高的类别不是正确的类别的比例，Top-5 Error 指预测的置信度最高的前 5 个类别中都不是正确的类别的比例。其他详细内容见论文原文。

Batch Normalization
原理及代码详解

表 5-6　Inception V2 实验结果

网络	单个预测差错率	前五大预测差错率	Cost Bn Ops
GoogLeNet[20]	29%	9.2%	1.5
BN-GoogLeNet	26.8%	—	1.5
BN-Inception[7]	25.2%	7.8	2.0
Inception-v2	23.4%	—	3.8
Inception-v2 RMSProp	23.1%	6.3	3.8
Inception-v2 Label Smoothing	22.8%	6.1	3.8
Inception v2 Factorized 7×7	21.6%	5.8	4.8
Inception-v2 BN-auxiliary	21.2%	5.6%	4.8

3. GoogLeNet 小结

本节介绍了 GoogLeNet 的 Inception 模块的提出,初衷是想通过稀疏的参数得到稠密的数据,因此使用了并行的卷积和池化操作;介绍了 Inception 的演进,使用 1×1 卷积降维减少参数的 Inception V1,使用卷积分解、并行池化,并加入 BN 层的 Inception V2;之后 GoogLeNet 还做了进一步的改进,提出了 Inception V3 和 Inception V4,感兴趣的读者可查阅论文原文①。

5.1.4　小结

从 AlexNet 到更深的 VGG、GoogLeNet,深度卷积神经网络在图像分类领域大显身手,在准确率上已经完全压制传统机器学习方法,并且随着研究者对 DCNNs 的更加深入的理解,卷积神经网络在结构上得到了一步步的优化,其存在的问题也在一点点得到解决,因此卷积神经网络的图像分类的能力还在日益增强。

5.2　深度残差网络 ResNet

ResNet[5] 是深度学习历史上具有里程碑意义的一个深度卷积神经网络模型,它突破了深度神经网络的深度限制,使神经网络的学习能力得到了大幅度的提高。本节将首先讨论普通深度神经网络结构在加大深度的情况下出现的问题,并深入分析这个问题出现的原因,之后再分析 ResNet 是如何解决这个问题的,最后展示 ResNet 的分类效果。

---

① 见 https://arxiv.org/abs/1512.00567,https://arxiv.org/abs/1602.07261

5.2.1　平原网络的深度限制

深度学习的非常显著的特点是"深"，通过很深层次的网络实现准确率非常高的图像识别、语音识别等能力。因此，直观上来看，深层网络一般会比浅层网络效果好，如果要进一步地提升模型的准确率，最直接的方法就是把网络设计得越深越好，这样模型的准确率也就会越来越高。

但事实上并不是这么简单的。

先来看一个实验，对常规的网络（Plain Network，也称平原网络）直接堆叠很多层次，对图像识别结果进行检验，训练集、测试集的误差结果如图 5-12 所示。上、下图分别为在训练集和验证集上的测试结果，可以看出深层网络的测试误差反而比浅层网络要大。

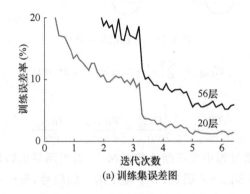

(a) 训练集误差图

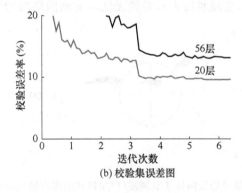

(b) 校验集误差图

图 5-12　20 层网络与 56 层网络分类误差对比

通过实验可以发现，随着网络层级的不断增加，模型精度不断得到提升，而当网络层级增加到一定的数目以后，训练精度和测试精度迅速下降，这说明当网络变得很深以后，深度网络就变得更加难以训练了。

为什么深度网络难以训练呢？

图 5-13 是一个简单神经网络图，由输入层、隐含层、输出层构成。

神经网络先通过正向传播计算出结果 output，然后与样本比较得出误差值 E_{total}。

根据误差结果，使用"链式法则"对每个参数求偏导数，使结果误差反向传播从而得出权重 w 调整的梯度。图 5-14 是输出结果到隐含层的反向传播过程（隐含层到输入层的反向传播过程也是类似）。通过不断迭代，对参数矩阵进行不断调整后，使得输出结果的误差值更小，使输出结果与事实更加接近。

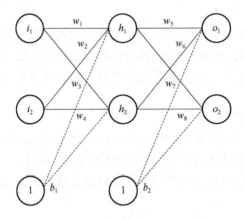

图 5-13　神经网络示意图

$$E_{\text{total}} = \sum \frac{1}{2}(\text{target} - \text{output})^2$$

链式法则：

$$\frac{\partial E_{\text{total}}}{\partial w_5} = \frac{\partial E_{\text{total}}}{\partial \text{out}_{o1}} * \frac{\partial \text{out}_{o1}}{\partial \text{net}_{o1}} * \frac{\partial \text{net}_{o1}}{\partial w_5}$$

神经网络在反向传播过程中要不断地传播梯度，而当网络层数加深时，梯度在传播过程中会逐渐消失（假如采用 Sigmoid 函数，对于幅度为 1 的信号，每向后传递一层，梯度就衰减为原来的 0.25，层数越多，衰减越厉害），导致无法对前面网络层的权重进行有效的调整。

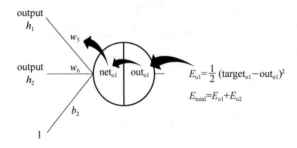

图 5-14　输出到隐藏层的反向传播示例图（使用链式法则求输出对参数 w_5 的偏导数）

这就是平原网络臭名昭著的"梯度消失"问题，使得平原网络无法达到太高的深度。

5.2.2　ResNet 的提出

如何又能加深网络层数，又能解决梯度消失问题，又能提升模型精度呢？

深度残差网络就是为了解决这个问题而诞生的。

5.2.1 小节描述了一个实验结果现象：在不断加神经网络的深度时，模型准确率会先上升然后达到饱和，再持续增加深度时则会导致准确率下降，如图 5-15 所示。

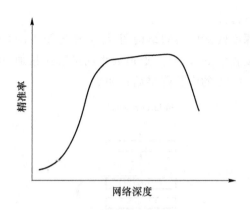

图 5-15　模型准确率与网络深度的关系

那么作这样一个假设：现有一个比较浅的网络（Shallow Net）已达到了饱和的准确率，这时在它后面再加上几个恒等映射层（Identity Mapping，也即 $y=x$，输出等于输入），这样就增加了网络的深度，并且起码误差不会增加，也即更深的网络不应该带来训练集上误差的上升。而这里提到的使用恒等映射直接将前一层输出传到后面的思想，便是著名深度残差网络 ResNet 的灵感来源。

ResNet 引入了残差网络结构（Residual Network），通过这种残差网络结构，可以把网络层的深度提高很多（目前可以达到 1 000 多层），并且最终的分类效果也非常好，残差网络

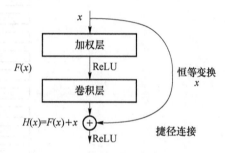

图 5-16　残差网络的基本结构

的基本结构如图 5-16 所示。加入恒等映射使输入直接传递到输出，在保留已有的输入的情况下，神经网络进行额外的残差学习。

5.2.3　残差学习突破深度限制

当深度神经网络接近饱和时，接下来的网络层的学习目标就转变为近似恒等映射的学习，也就是使输入 x 近似于输出 $H(x)$，以保持在后面的层次中不会出现精度下降。

在残差网络结构中，通过"shortcut connections（捷径连接）"的方式，直接把输入 x 传到输出作为初始结果，输出结果为 $H(x)=F(x)+x$。当 $F(x)=0$ 时，$H(x)=x$，也就是上面所提到的恒等映射。于是，ResNet 相当于将学习目标改变了，不再是学习一个完整的输出，而是目标值 $H(X)$ 和 x 的差值，也就是所谓的残差 $F(x):=H(x)-x$，因此，后面的网络层是基于上一层初始结果进行微调，使得随着网络加深，准确率不下降。

这种残差跳跃式的结构，打破了传统的神经网络 $n-1$ 层的输出只能给 n 层作为输入的惯例，使某一层的输出可以直接跨过几层作为后面某一层的输入，其意义在于为叠加多层网络而使得整个学习模型的错误率不降反升的难题提供了新的方向。通过恒等映射，浅层网络可以获得更大的梯度，这样可以有效地解决梯度消失的问题。

这样，神经网络的层数可以超越之前的约束，达到几十层、上百层甚至千层，为高级语义

特征提取和分类提供了可行性。

图 5-17 是 34 层的深度残差网络的结构图，深度相比于 VGG 和 GoogLeNet 有了大幅度的提升。实线跳跃连接表示 $F(x)$ 与 x 通道数相同可直接相加，虚线跳跃连接表示 $F(x)$ 与 x 通道数不同，需经过 1×1 的卷积降维后再相加。

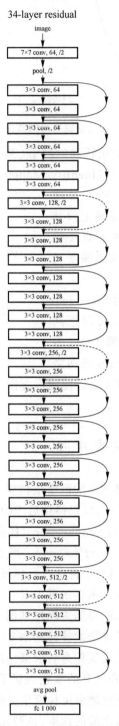

图 5-17　34 层深度残差网络

下面介绍不同结构的残差学习单元。

不同深度的残差网络所用的残差学习单元结构不同,有两层残差学习单元和三层的残差学习单元,如图 5-18 所示。

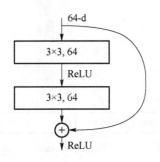 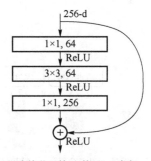

(a) 两层残差学习单元(用于ResNet34)　　(b) 三层残差学习单元(使用1×1卷积减少参数,用于ResNet50/101/152)

图 5-18　两种残差学习单元

图 5-18 的两种结构分别针对 ResNet34(图(a))和 ResNet50/101/152(图(b)),其目的主要是降低参数的数目。图(a)是两个 $3×3×256$ 的卷积,参数数目: $3×3×256×256×2=1\,179\,648$,图(b)是第一个 $1×1$ 的卷积把 256 维通道降到 64 维,然后在最后通过 $1×1$ 卷积恢复,整体上用的参数数目: $1×1×256×64+3×3×64×64+1×1×64×256 = 69\,632$,图(b)的参数数量比图(a)减少到原来的 0.06。因此,图(a)的主要目的是减少参数量,从而减少计算量。

下面介绍实验验证。

经检验,深度残差网络的确解决了退化问题,如图 5-19 所示。图(a)为平原网络(plain network)深层网络(34 层)比浅层网络(18 层)的误差率更高;图(b)为残差网络 ResNet 深层网络(34 层)比浅层网络(18 层)的误差率更低。深度残差网络解决了网络过饱和之后的退化问题,深层网络的误差低于浅层网络的误差。

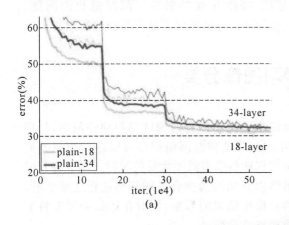 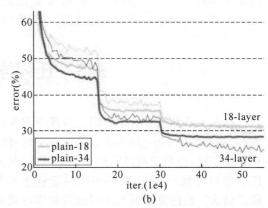

(a)　　　　　　　　(b)

图 5-19　残差网络与平原网络不同深度的网络误差对比

ResNet 在 ILSVRC2015 竞赛中惊艳亮相,一下子将网络深度提升到 152 层,将错误率降到了 3.57,在图像识别错误率和网络深度方面,比往届比赛有了非常大的提升,ResNet 毫无悬念地夺得了 ILSVRC2015 的第一名,如图 5-20 所示。

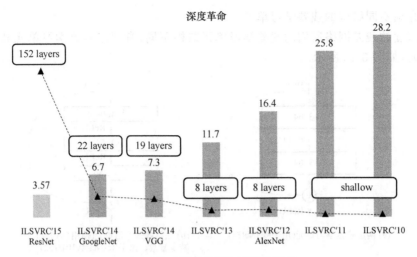

图 5-20　2010—2015 年 ILSVRC 排行

　　在 ResNet 的作者的第 2 篇相关论文"Identity Mappings in Deep Residual Networks"中,提出了 ResNet V2。ResNet V2 和 ResNet V1 的主要区别在于,作者通过研究 ResNet 残差学习单元的传播公式,发现前馈和反馈信号可以直接传输,因此"shortcut connection"(捷径连接)的非线性激活函数(如 ReLU)替换为 Identity Mappings。同时,ResNet V2 在每一层中都使用了 Batch Normalization。这样处理后,新的残差学习单元比以前更容易训练且泛化性更强。感兴趣的读者可以研读该论文。

5.2.4　小结

　　本节讲述了平原网络在提高深度时出现的饱和、退化问题,介绍了 ResNet 的提出思路以及 ResNet 的主要结构,并展示实验结果证明 ResNet 成功解决了网络退化的问题。ResNet 将网络深度一下子提高到了一百多层,在深度学习的历史上具有里程碑的意义。

5.3　迁移学习图像分类

　　在 5.1 节和 5.2 节中介绍了深度学习复兴以来出现的经典的深度卷积神经网络,包括 AlexNet、VGG、GoogLeNet 以及 ResNet。使用这些深度神经网络模型可以进行图像分类和物品识别,但由于神经网络参数量巨大,从头训练这些模型需要大量的时间。本节将介绍迁移学习的概念,介绍两种不同的迁移学习策略以及如何选择合适的策略进行迁移学习。最后会从实验的角度展示不同的迁移学习策略对模型结果的影响,同时在这其中读者将了解到如何基于预训练的模型训练适用于新的数据集的模型。

5.3.1　迁移学习简介

　　迁移学习是一种机器学习方法,是把一个领域(即源领域)的知识,迁移到另外一个领域

（即目标领域），使得目标领域能够取得更好的学习效果。

根据 Coursera 联合创始人、斯坦福大学副教授吴恩达介绍，迁移学习将会成为机器学习商业成就的下一驱动力。

迁移学习是一种机器学习技术，允许在特定的数据集上再利用已训练的卷积神经网络（CNN），并将其调整或迁移到其他数据集。之所以要复用已经训练的 CNN，是因为从头训练时间太长。例如，在 4 个英伟达 K80 GPU 中将 ResNet18 训练 30 个 epoch 需要 3 天的时间；而在同样的 GPU 上将 ResNet152 训练 120 个 epoch 需要 4 个月。

5.3.2　迁移学习图像分类策略

总体而言，迁移学习有两种策略。

（1）微调（Finetuning）：包括使用在基础数据集上预训练网络以及在目标数据集中以较小的学习率训练所有层。

（2）冻结与训练（Freeze and Train）：包括冻结除最后一层的所有层（权重不更新），训练最后一层和冻结前面几层并训练其余层。

本节从实验角度分析两种常用的策略：微调所有层以及只训练最后一层。

图 5-21 中展示了上述提到的两种迁移学习策略。在 ImageNet 上使用了一个预训练的 CNN，并将 Simpsons 数据集的子集 Homer Simpson 作为目标集，用该网络对其进行分类。这个子集包含 20 个类，每个类有 300～1 000 个图像。然后使用冻结与训练，只训练最后一层（如图 5-21(a)所示）；或者微调所有层（如图 5-21(b)所示）。

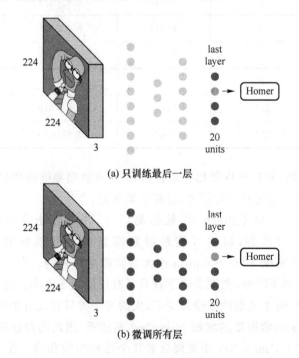

图 5-21　两种迁移学习策略

一般情况下很难知道在何种情况下应该只训练最后一层，在何种情况下应该微调网络。

以下是在不同场景中对新数据集使用迁移学习的一些指导原则：

（1）小目标集，图像相似。当目标数据集与基础数据集相比较小。且图像相似时建议采取冻结和训练，只训练最后一层。

（2）大目标集，图像相似。建议使用微调。

（3）小目标集，图像不同。建议采取冻结和训练，训练最后一层或最后几层。

（4）大目标集，图像不同。建议使用微调。

在实验中，使用了有限的几个数据集以及一个小型网络 ResNet18，所以是否能将结果推广到所有数据集和网络还言之尚早。但是，这些发现可能会对何时使用迁移学习这一问题提供一些启示。实验结果如表 5-7 所示。第一列带 Gray 的数据集表示样本为灰度图。最后两列分别表示使用微调和只训练最后一层的两种策略下网络在验证集上的分类准确率。可以看出，在不同目标数据集上，两种策略的效果可能有很大的差别。

A_Gentle_Introduction_
to_Transfer_Learning

表 5-7　两种迁移学习策略实验结果

Dataset	类别数	图片个数	微调策略下的验证集准确率	冻结策略下的验证集准确率
Hymenoptera	2	397	0.954 248	0.960 784
Hymenoptera Gray	2	397	0.921 569	0.960 196 1
Simpsons	20	19 548	0.924 552	0.641 944
Simpsons Gray	20	19 548	0.901 535	0.543 223
Dogs vs Cats	2	25 000	0.989 4	0.981
Dogs vs Cats Gray	2	25 000	0.988 8	0.975 6
Caltech256	257	30 607	0.673 643	0.542 511
Caltech256 Gray	257	30 607	0.6128 19	0.434 925

从表 5-7 可以看出，相比色度数据集而言，训练灰度数据集准确率会下降。这表示基础数据集和目标数据集之间的域差异越大，迁移效果越差。

另外，对于 Simpson 和 Caltech256 数据集而言，冻结会使准确率大大下降。这在 Simpson 数据集中可以理解，原因可能是源数据集和目标数据集的区别太大了：在 ImageNet 中都是自然图像，但在 Simpson 中大多数都是素色的。在 Caltech 数据集中，除在冻结时产生的准确率下降外，微调策略下就只具有很低的准确率。这可能是因为，对于涵盖很多类别的数据集，每个类别的图像太少了，大约每个类只有几百个而已。

猫狗（Dogs vs Cats）数据集的域和 ImageNet 最接近，因此两种迁移学习策略都能训练出不错的模型。事实上，ImageNet 中就包含着几个品种的猫和狗。在这种情况下，微调和冻结没有多大差别。

最后，在膜翅目昆虫（Hymenoptera）数据库中，在冻结时，色度数据集有一点小改善。

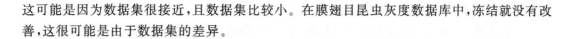

这可能是因为数据集很接近,且数据集比较小。在膜翅目昆虫灰度数据库中,冻结就没有改善,这很可能是由于数据集的差异。

5.3.3　小结

本小节介绍了迁移学习的概念以及两种策略,并用实验阐述了两种迁移学习策略在不同的目标数据集上的训练效果。当源数据集和目标数据集的样本分布相似时,使用 Finetune 和 Freeze and Train 的策略都可以取得很好的训练效果;当源数据集和目标数据集的样本分布有差异时,应当使用 Finetune 的策略。

使用迁移学习策略,不需要再从头训练整个网络,不需要耗费大量时间让神经网络从头学习物体的特征。迁移学习可复用现有知识域数据,已有的大量工作不至于完全丢弃;不需要再去花费巨大代价去重新采集和标定庞大的新数据集,也有可能数据根本无法获取;对于快速出现的新领域,能够快速迁移和应用,体现时效性优势。

总之,迁移学习将会成为接下来令人兴奋的研究方向,特别是许多应用需要能够将知识迁移到新的任务和域中的模型,将会成为人工智能的又一个重要助推力。

5.4　本章总结

本章介绍了目前主流的物体分类与识别方法,即使用深度卷积神经网络＋softmax 分类器的组合。以深度卷积神经网络为核心,5.1~5.3 节介绍了深度卷积神经网络的发展历程,详细介绍了发展中的深度卷积神经网络的不同结构。5.4 节介绍了在实际应用中,如何使用迁移学习策略进行分类网络的训练。

目前尽管各种 CNN 模型仍继续在物体分类与识别中进一步推进当前最佳的表现,但在理解 CNN 的工作方式和如此有效的原因上的进展仍还有限。这个问题已经引起了很多研究者的兴趣,为此也涌现出了很多用于理解 CNN 的方法,如对所学习到的过滤器和提取出的特征图进行可视化、通过向网络设计中引入分析原理来最小化学习过程等。在接下来的一段时间内,这些理解 CNN 的方法将是物体分类与识别的主要研究方向。

本章思考题

（1）当 dropout 层的 dropout_rate 为 0 时输出的是均值为 1、方差为 1 的随机变量,那么当 dropout_rate＝0.5 时,输出的均值和方差分别为多少?

（2）计算 VGG16 网络的参数量,并与表 5-2 对照。

（3）对于 $1 \times 10 \times 10 \times 3$(BHWC)的输入特征图,一个 5×5 卷积和两个 3×3 卷积的计算量分别是多少?

（4）对于输入为 $5 \times 10 \times 10 \times 3$ 的 BatchNormalize 层,有多少参数可训练?

（5）对于 $1 \times 10 \times 10 \times 3$ 的输入特征图,1×7 和 7×1 的级联滤波器与 7×7 的滤波器的

参数量分别为多少（滤波器个数都为 1）？

（6）对于 $1×10×10×512$ 的输入特征图，$1×1$ 降维到 256 维再接 1 个 $3×3$ 的滤波器与直接接 1 个 $3×3$ 的滤波器相比，参数变化量为多少？

（7）现有在 ImageNet 上预训练的 vgg 网络，若想将它迁移到 2d 动画人物的分类任务上，应该把 vgg 作为特征提取网络而固定参数，还是应该同时提取 finetune vgg 的参数？

本章参考文献

［1］ KRIZHEVSKY A，SUTSKEVER I，HINTON G E. Imagenet classification with deep convolutional neural networks［C］//Advances in neural information processing systems. 2012：1097-1105.

［2］ SIMONYAN K，ZISSERMAN A. Very deep convolutional networks for large-scale image recognition［J］. arXiv preprint arXiv：1409. 1556，2014.

［3］ SZEGEDY C，LIU W，JIA Y，et al. Going deeper with convolutions［C］ Proceedings of the IEEE conference on computer vision and pattern recognition. 2015：1-9.

［4］ IOFFE S，SZEGEDY C. Batch normalization：Accelerating deep network training by reducing internal covariate shift［J］. arXiv preprint arXiv：1502. 03167，2015.

［5］ HE K，ZHANG X，REN S，et al. Deep residual learning for image recognition［C］ Proceedings of the IEEE conference on computer vision and pattern recognition. 2016：770-778.

第6章

目标检测与语义分割

本章思维导图

本章介绍了基于深度学习的目标检测与语义分割模型，对于目标检测模型，本章主要对 One-Stage 和 Two-Stage 的不同方法进行了介绍。对于语义分割模型，以目前流行的语义分割框架为例，与目标检测任务进行比较，从两者的相似点与不同点入手，分析了模型不同的特点与应用场景。

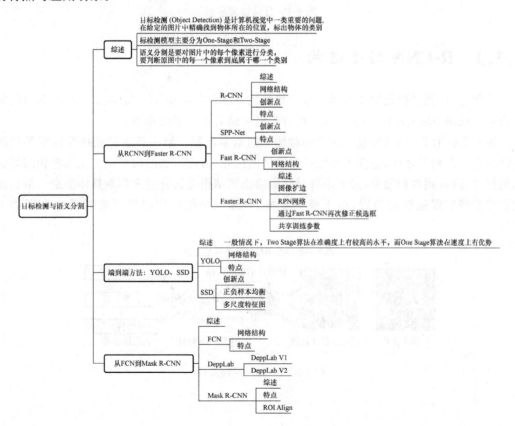

6.1 从 RCNN 到 Faster R-CNN

目标检测(Object Detection)是计算机视觉中一类重要的问题,在给定的图片中精确找到物体所在的位置,标出物体的类别(如图 6-1 所示)。与分类问题不同,目标检测的图像中通常会存在很多物体,需要对多个物体进行检测,提升了任务的难度。

图 6-1 目标检测示例

6.1.1 R-CNN 网络结构

多年以来,视觉识别的任务都是基于传统的 SIFT[1] 和 HOG[2] 等算法。R-CNN[3] 是首个将候选区域(Region Proposal)和卷积神经网络结合在一起的模型。

图 6-2 展示了 R-CNN 模型在目标检测中的基本流程。第一步通过选择性搜索等传统方法找出一系列候选框,包含了可能存在物体的区域,再把区域的尺寸归一化成卷积网络输入的尺寸,输入到卷积层中,接下来再对网络输出的结果进行分类来判断具体类别。最后通过回归器修正候选框的位置,对于每一个类,训练一个线性回归模型去判断这个框的准确度。

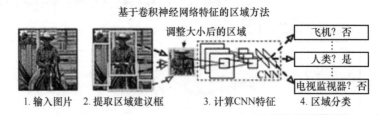

图 6-2 R-CNN 网络结构

6.1.2　交并比

在目标检测中,通常使用交并比(IOU)来判断相应物体检测准确度,用于测量预测值和真实值之间的重叠度,是产生的候选框与原标记框的交叠率,即它们交集与并集的比值。具体定义如图 6-3 所示。

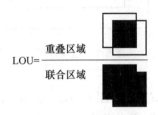

图 6-3　IOU 示意图

6.1.3　边框回归算法

在检测任务中,如图 6-4 所示,外框表示真实的标记(Ground Truth),内框是通过 R-CNN 的算法提取出来的候选区域,内框被识别为飞机,但只包括了飞机的一部分,与真实的标记框的差距较大,这张图相当于没有正确检测出飞机,所以希望能够对提取出来的内框进行微调,使得其与真实的标记更加接近,让定位就更加准确。常使用边框回归算法 (Bounding-box Regression)用来对这样的窗口进行调整。

对于一个窗口,使用一个四维向量 (x,y,w,h) 表示,代表了窗口中心点坐标、宽、高。在图 6-4 中,寻找一种相关映射,使得预测边框经过映射后能够更加接近实际的窗口。

图 6-4　边框预测与真实框

如图 6-5 所示,给定预测框 A 和真实窗口 G。

$$A=(A_x,A_y,A_w,A_h) \tag{6-1}$$

$$G=[G_x,G_y,G_w,G_h] \tag{6-2}$$

希望寻找一种变换 F,使得

$$F(A_x,A_y,A_w,A_h)=(G_x',G_y',G_w',G_h') \tag{6-3}$$

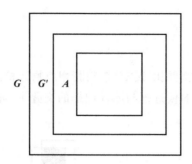

图 6-5　边框回归

其中,

$$(G'_x, G'_y, G'_w, G'_h) \approx (G_x, G_y, G_w, G_h) \tag{6-4}$$

为了得到这种变换,先做平移,再做缩放

$$G'_x = A_w \cdot d_x(A) + A_x \tag{6-5}$$

$$G'_y = A_h \cdot d_y(A) + A_y \tag{6-6}$$

$$G'_w = A_w \cdot (\exp(d)_x(A)) \tag{6-7}$$

$$G'_h = A_h \cdot (\exp(d)_h(A)) \tag{6-8}$$

学习目标变为

$$d_x(A), d_y(A), d_w(A), d_h(A) \tag{6-9}$$

这四个参数,当预测框与真实标记相差较小的时候,可以近似看作是一种线性变换,并利用线性回归模型进行建模。给定输入的特征向量 X,学习一组参数 W,使得经过线性回归后的结果与真实值接近,在任务中,输入是经过 CNN 提取得到的特征图,定义为 $\boldsymbol{\Phi}$,同时定义了初始预测值 A 与真实标记之间的变换量

$$(t_x, t_y, t_w, t_h) \tag{6-10}$$

为此,设计损失函数

$$\text{Loss} = \sum_i^N (t_*^i - w_*^{\mathrm{T}} \cdot \boldsymbol{\Phi}(A^i))^2 \tag{6-11}$$

优化目标为

$$w_* = \underset{w'_*}{\operatorname{argmin}} \sum_i^N (t_*^i - w_*^{\mathrm{T}} \cdot \boldsymbol{\Phi}(A^i))^2 + \lambda \, ||w'_*||^2 \tag{6-12}$$

输入特征图 $\boldsymbol{\Phi}$,优化目标使得网络的输出与真实的变换量尽可能接近,通过学习到的参数,来修正预测框的位置。扫描右侧二维码(边框回归算法详解)

边框回归
算法详解

6.1.4　非极大值抑制

R-CNN 最初于 2014 年提出,其在目标检测上取得了很大的成就。此处介绍一种在目标检测中常用到的一种机制:非极大值抑制(Non Maximum Suppression)。一般来说,对于检测任务,目标是给定一个图片,能够找到目标的正确位置并进行分类。以 R-CNN 为例,采用了选择性搜索方法找到一系列的候选框,但目标只需要一个,所以要去除冗余的检测

框,保留最好的一个。

图 6-6 展示了非极大值抑制的基本流程,最初的算法提取了大量的检测框,首先根据分类器的类别分类概率对其从大到小排序,然后计算其他候选框与其的重叠度 IOU 是否大于某个设定的阈值,若重叠度超过阈值,就丢弃这些候选框,保留最初的得分最高的候选框。接下来对剩下的候选框中再次选择概率最大的一个,重复以上步骤,直到找到所有保留下来的矩形框。

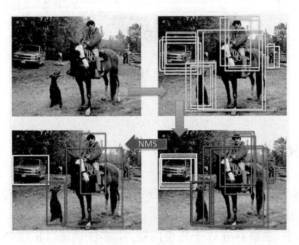

图 6-6　非极大值抑制

6.1.5　SPP-Net 网络结构

SPP[4] 网络在 R-CNN 的不断发展与演进的过程中起到了很大的作用。在 6.1.1 提到的 R-CNN 的卷积层的输出连接全连接层或者分类器,它们都需要固定的输入尺寸,所以要对输入的图片进行缩放或者截取,但是这种方法很可能丢失想要的信息,而 SPP-Net 很重要的一个地方就是采用了金字塔的思想,实现了数据的多尺度输入。

图 6-7 展示了 SPP 层的基本思路。卷积层的参数和输入大小无关,无论输入的图像大小,都是一个卷积核在上面滑动,因此,如果输入的图片大小不一样,那么从卷积层输出得到的特征图的大小也不同。全连接层的参数和输入图像大小之间存在一定的联系,它要把像素点连接起来,需要给定输入层和输出层的神经元个数,所以需要规定输入图片的大小。

SPP 网络在卷积层和全连接层之间加入了一个 SPP 层,其本质是一个池化层,但是与通常使用的池化方法不同。该层的输入是卷积层输出的特征。对于不同大小的图片,特征大小也不一样。此池化层的卷积核会根据输入调整大小,而输出尺度是固定的。图 6-7 就是针对于任何尺度大小图片的输入,SPP 层都通过卷积将其大小固定为(16+4+1) * 256。

在 R-CNN 中,首先把候选边框固定到统一的大小,然后分别输入 CNN 中进行特征提取。候选窗口数 $N \approx 2\,000$,计算量极大。对于 SPP-Net,把整张待检测的图片输入 CNN 中,进行一次性的特征提取,得到特征图,然后在其中找到各个候选框的区域,再对其采用金字塔空间池化,提取出固定长度的特征向量,这大大提高了运算速度。

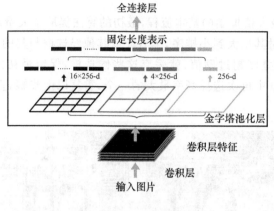

图 6-7　SPP 层

6.1.6　Fast R-CNN 网络结构

Fast R-CNN[5] 是在 RCNN 的基础上结合了 SPP-Net 里的方法,对 R-CNN 模型进行了改进,使得性能进一步提高。

在 R-CNN 模型中,主要存在以下几个问题:①多步训练。R-CNN 需要对每个类别都训练一个 SVM 分类器,最后进行回归修正。②采用选择性搜索方法来对原图像提取潜在的边框输入,这种方法会消耗大量的运算资源,使得运算速度降低,严重影响了模型效率。③测试的时候每张图片的每个候选框都要做卷积,重复操作太多。

FastR-CNN 提出了一个 ROIPooling 的单层网络,其可以看作是单层的 SPP-Net。这个网络层可以把不同大小的输入映射到一个固定尺度,当输入不同大小的图片的时候,对其提取一个固定大小维度的特征,再经过 Softmax 进行分类。因为全连接层的输入需要尺寸大小一样,所以不能直接将大小不同的候选框映射到特征图上作为输出,需要进行尺度变换。

模型结构如图 6-8 所示,与 R-CNN 进行对比,任务的流程也发生了很大的变化。R-CNN 得到的网络通常需要抽取所有的建议区域,先通过 CNN 提取特征,然后分类,最后进行边框回归。如图 6-8 所示,Fast R-CNN 模型将边框回归部分连接在了 ROIPooling 层之后,与分类任务共享卷积层,实现了一个多任务模型。

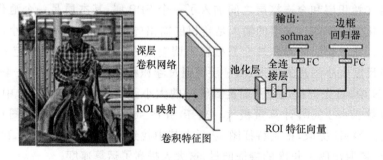

图 6-8　Fast R-CNN 网络

表 6-1 比较了 FastR-CNN、R-CNN 和 SPP-Net 之间的训练时间、测试速率等参数。从表 6-1 可以看出，不管是速度还是性能(mAP)都比之前的模型有了显著的提高。

表 6-1 运行时间比较

参数	Fast R-CNN			R-CNN			SPPnet
	S	M	L	S	M	L	†L
训练时间/h	1.2	2.0	9.5	22	28	84	25
训练加速	18.3×	14.0×	8.8×	1×	1×	1×	3.4×
测试速率/(秒/图片数)	0.10	0.15	0.32	9.8	12.1	47.0	2.3
▷带有 SVD	0.06	0.08	0.22	—	—	—	—
测试加速	98×	80×	146×	1×	1×	1×	20×
▷带有 SVD	169×	150×	213×	—	—	—	—
VOC07 mAP	57.1	59.2	66.9	58.5	60.2	66.0	63.1
▷带有 SVD	56.5	58.7	66.6	—	—	—	—

与 R-CNN 相比，FastR-CNN 主要有以下几个改进：①卷积不再是对单个的候选框进行，而是直接输入整张图像，原来的 R-CNN 需要对每个候选框都分别做卷积，但是这些候选框之间的重叠率很高，所以会产生重复计算，FastR-CNN 这样就减少了很多运算量。②用ROIPooling 进行特征的尺度变换，实现了不同大小的输出。③将边框回归放在网络中一起训练，并用 Softmax 代替了原来的 SVM 分类器。Fast R-CNN 运行示意图如图 6-9 所示。

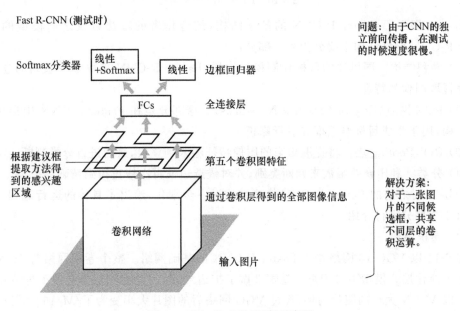

图 6-9 Fast R-CNN 运行示意图

6.1.7 Faster R-CNN 网络结构

在经历了 R-CNN、FastR-CNN 等一系列目标检测模型的发展后，于 2016 年被提出的 Faster R-CNN[6] 将目标检测带入了一个新的阶段。目前很多在目标检测上取得了优秀成果的模型都是在 FasterR-CNN 上进行了一系列的改进。

该算法主要解决了两个问题：①改进了之前通过选择性搜索找出候选框的步骤，提出区域建议网络 RPN，将提取候选框的工作交给神经网络来做，通过这样一个网络直接训练得到候选区域。②通过交替训练，使得 RPN 和 Fast R-CNN 网络共享训练参数。

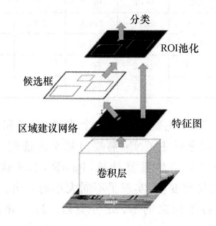

图 6-10　Faster R-CNN 结构

图 6-10 展示了 Faster R-CNN 的基本结构，结合作者的看法以及之前模型的经验，Faster R-CNN 网络结构主要分为 4 个部分：

（1）卷积结构。同以往的目标检测模型一样，Faster R-CNN 采取了一系列的卷积、池化层来提取图像的特征。

（2）RPN 网络（Region Proposal Networks）。这部分是在 Faster R-CNN 中提出来的网络结构，用于生成目标候选框并进行修正。

（3）ROI Pooling 层。将提取出来的图像特征输入到该层，最后进行分类判断。

（4）分类。利用误差函数来判断类别，并对候选边框再次修正得到精确结果。

图 6-11 对之前的 Faster R-CNN 模型结构进一步细化，给出了具体的运行流程。下面分别对 4 个部分进行介绍。

（1）卷积结构

图 6-11 以 VGG-16 网络作为 Faster R-CNN 的基础网络。整个卷积网络有 16 个卷积层和 4 个池化层。模型中对于每个卷积都做了扩边处理，因此卷积层不会改变输入的图片大小。以 $M*N$ 大小的图片为例，经过 VGG 网络后的图片大小变为了 $[M/16]*[N/16]$。

（2）RPN 网络

在 R-CNN 模型中，采用了选择性搜索来获取一系列的候选框，但是这种方法存在耗时长等缺点，因此 Faster R-CNN 抛弃了传统的方法，利用 RPN 网络来生成检测框，极大地提高了检测框的生成速度。

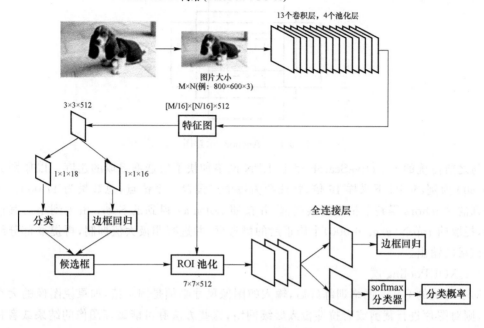

图 6-11　Faster R-CNN 运行流程

RPN 网络是 Faster R-CNN 网络模型中的一部分。首先引入锚点（Anchors）的概念，Anchors 是一系列用来生成候选框的矩形。如图 6-12 所示，将之前通过卷积层处理后得到的特征图再次进行卷积，这里采用大小为 3 * 3 的卷积核。特征图上的每一点设定 k 个锚点，即 k 个形状大小不同的矩形。

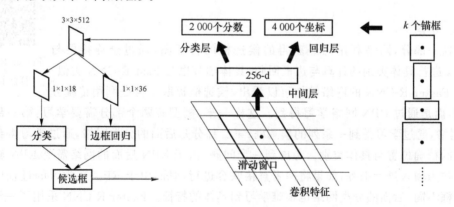

图 6-12　RPN 网络基本结构

对于每一个点，进行融合了周围 3 * 3 信息的卷积以后，采用 1 * 1 卷积进行降维，这里的 Channel 数目即代表的选择的 Anchors 数目 k。以 $k=9$ 为例，输出的 Channel 数目等于 18，即代表了以该点为中心点的 9 个 Anchors 的 Foreground 和 Background 概率。同时也对提取出来的候选边框进行回归。这样一来，RPN 网络就是在原图尺度上设置了一系列的锚点，然后利用神经网络来对于这些 Anchors 进行学习，来判断哪些锚点上存在目标，如图 6-13 所示。

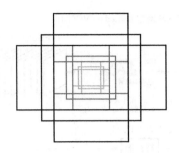

图 6-13　Anchors 示意图

与之前传统的 SelectiveSearch 相比,RPN 网络加快了候选框提取的速度。以原图大小 800 * 600 为例,VGG 下采样 16 倍,特征图为每个点设置 9 个锚点,总数量为 17 000。根据一系列的 Anchors 得到了精准的候选框,并按照 Softmax 得到的 Score 由大到小对其进行排序,提取前 top-N(e. g. 6 000)个修正后的候选框,并进行非极大值抑制,再提取部分结果作为该层的输出。

（3）ROI Pooling 层

对于传统的 CNN,网络训练好后,输入的图像尺寸必须是固定值,如果说图像的大小不确定,则对图片进行裁剪或者拉伸传入后续网络,这些方法有可能破坏图像的结果或者相关信息,通常不会取得很好的结果。

ROI Pooling 网络层负责收集通过 RPN 网络得到的候选框,并对其进行 ROI Pooling 操作,送入后面的网络。具体的思想与 Fast R-CNN 中采用的 ROI Pooling 操作类似,都是抽象出了一层 SPP-Net,对于不同输入大小的候选框,输出结果都是固定大小。

若想详细了解有关 Faster R-CNN 具体的算法细节,请扫描书右侧的二维码。

（4）分类

Faster R-CNN
算法详解

在这一部分,网络利用已经获得的候选框的特征图,通过全连接层与 Softmax 进行具体类别的计算与边框回归,具体细节也与 Fast R-CNN 类似。

从 Faster R-CNN 的网络结构可以看出,候选框提取不再是利用传统方法得到,而是通过 RPN 网络学习得到。这样一来,模型有两个部分需要学习:第一部分是 RPN 网络,通过学习得到一系列的候选框;第二部分是后面的分类网络,通过学习得到每个候选框的精确位置与具体类别。考虑到一个问题,由于 RPN 后面的网络需要 RPN 输出的候选框作为输入进行训练,如果将两者直接联合进行训练,由于 RPN 在学习的过程中提取的候选框不同,后面的分类网络也很难学习到具体的特征。Faster R-CNN 采用了一种训练方法,实现了两部分的参数共享训练。训练步骤如下:

① 在已经训练好的模型(如 VGG16)上训练 RPN 网络。

② 仍采用最初的模型,利用 RPN 得到的结果训练后面的 Fast R-CNN 网络。

③ 利用 Fast R-CNN 学到的模型参数来初始化 RPN 网络的参数,在训练过程中固定共享卷积层参数(VGG16),只对 RPN 独有的网络层进行训练。

④ 固定共享卷积层参数不变,利用步骤③中 RPN 网络得到的结果进行 Fast R-CNN 网络的训练。

6.1.8　小结

本小节主要介绍了 R-CNN 及一系列的改进算法。总的来说，从 R-CNN、SPP-NET、Fast R-CNN、Faster R-CNN 发展以来，基于深度学习目标检测的流程变得越来越精简，精度越来越高，速度也越来越快。可以说基于 Region Proposal 的 R-CNN 系列目标检测方法是当前目标检测技术领域最主要的一个分支。

6.2　端到端方法：YOLO、SSD

6.2.1　One Stage 和 Two Stage 方法比较

Faste R-CNN 是一个较为成熟的目标检测模型。它需要首先产生候选区域（Region Proposals），然后对候选区域进行分类、修正等操作。这一系列需要分为两个阶段进行的算法称为 Two Stage 算法。相比而言，如果候选区域产生、分类、修正这些操作只需要通过一个阶段完成，实现端到端的训练和测试，将这类算法称为 One Stage 算法。考虑的目标检测的主要性能指标是准确度和速度。一般情况下，Two Stage 算法在准确度上有较高的水平，而 One Stage 算法在速度上有优势，随着研究的发展，这两类算法都在这两个方面上不断做着改进。

6.2.2　YOLO 网络结构

在 R-CNN 的一系列方法中，目标检测被分为了候选区域提取和分类两个阶段，不同于这一类方法，YOLO 将所有任务整合到一个网络中，使其成为一个彻底的端到端的算法，如图 6-14 所示。

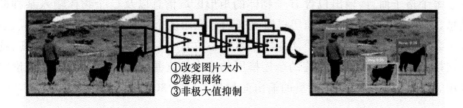

①改变图片大小
②卷积网络
③非极大值抑制

图 6-14　YOLO 算法框架

YOLO 检测网络包括 24 个卷积层和 2 个全连接层，如图 6-15 所示。通过一系列的卷积层来提取图像特征，全连接进行位置预测和分类。为了理解 YOLO 算法的原理，首先给出全连接层输出的定义。YOLO 将输入图像分为 $S * S$ 个格子每个格子只负责检测某个物体中心坐标在该格子内的物体，如图 6-16 所示，这只狗的中心点确定了一个格子，因此这个格子负责检测图像中的这只狗。

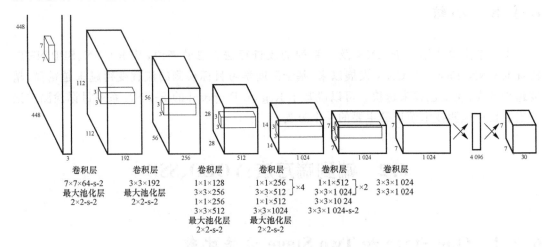

图 6-15　YOLO 基本网络结构

图 6-16　YOLO 检测框

对于每个格子而言,输出包含 B 个物体的矩形区域信息以及 C 个物体输入某种概率的具体信息,这些信息都保存在卷积层提取出来的特征图多个维度上。对于每一个候选框,存放了 5 个数据值,分别是当前格子预测物体的中心位置坐标、预测框的宽度和高度、物体置信度。这样一来,YOLO 网络最终的全连接层的输出维度是 $S*S*(B*5+C)$,论文中的方法采用 $S=7,B=2,C=20$。最后的输出向量为 $7*7*30$,如图 6-17 所示。

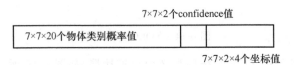

图 6-17　全连接层输出内容

算法的损失函数如下：

$$\lambda_{\text{coord}} \sum_{i=0}^{S^2} \sum_{j=0}^{B} \prod_{ij}^{\text{obj}} (x_i - \hat{x}_i)^2 + (y_i - \hat{y}_i)^2 +$$

$$\lambda_{\text{coord}} \sum_{i=0}^{S^2} \sum_{j=0}^{B} \prod_{ij}^{\text{obj}} \left(\sqrt{w_i} - \sqrt{\hat{w}_i} \right)^2 \left(\sqrt{h_i} - \sqrt{\hat{h}_i} \right)^2 + \tag{1}$$

$$\sum_{i=0}^{S^2} \sum_{j=0}^{B} \prod_{ij}^{\text{obj}} (C_i - \hat{C}_i)^2 + \tag{2}$$

$$\lambda_{\text{noobj}} \sum_{i=0}^{S^2} \sum_{j=0}^{B} \prod_{ij}^{\text{noobj}} (C_i - \hat{C}_i)^2 + \tag{3}$$

$$\sum_{i=0}^{S^2} \prod_{i}^{\text{obj}} \sum_{c \in \text{classes}} (p_i(c) - \hat{p}_i(c))^2 \tag{4}$$

损失函数分为 4 部分进行讨论：

(1) 第一部分对所有的预测边框位置和真实框之间进行平方差的损失计算。

(2) 若有物体落入预测框中，计算其与真实边界框之间置信度的损失计算。

(3) 若没有物体落入预测框中，真实边界框的置信度为 0，所以希望预测框的置信度越小越好。

(4) 若预测框中包含物体，希望其预测正确类别的概率越接近 1 越好，而错误类别概率越接近 0 越好。

从算法形式可以看出来，每个格子可以预测 B 个候选框，但是最终只选择 IOU 最高的候选框作为物体检测的输出。也就是说，每个格子最多只能预测出一个物体，若出现每个格子包含多个物体的情况，YOLO 算法只能检测出其中一个，这也是 YOLO 算法的一个缺陷。后续提出的 YOLO-V2、YOLO-V3 等一系列算法在 YOLO 的基础上加以改进，解决了这类问题，与原算法相比，在准确度和速度等性能上有很大的提高。

YOLO 系列
算法详解

若想详细了解与 YOLO 有关的内容，可扫描书右侧的二维码。

6.2.3　SSD 网络结构

SSD[8] 是一种 One-stage 的目标检测方法，SSD 算法在准确度和速度上都比 YOLO 要好，SSD 继承了 YOLO 中将检测转化为回归的思路，同时提出了类似 Faster R-CNN 中锚点的方法，取得了良好的效果。

SSD 和 YOLO 都是采用一个 CNN 网络来进行检测，但是却采用了多尺度的特征图，基本框架如图 6-18 所示。

网络采用了多尺度特征图，由于 CNN 网络前面几层的特征图较大，后续采用池化的方法来降低特征图的大小，这样可以从不同层中提取出比较大的特征图和比较小的特征图，它们都用来进行目标检测。考虑到大的特征图对较小目标检测比较有利，而小的特征图对较大目标检测比较有利，将其结合起来可以有效提高目标检测的性能。

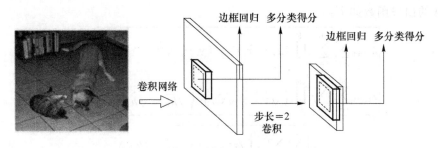

图 6-18　SSD 基本框架

　　SSD 采用 VGG16 作为基础模型,然后在其基础上新增了卷积层来获得更多的特征图用于目标检测。图 6-19 给出了 SSD 网络的基本结构,并与 YOLO 模型进行了对比,可以看到 SSD 利用了多尺度的特征图进行检测。

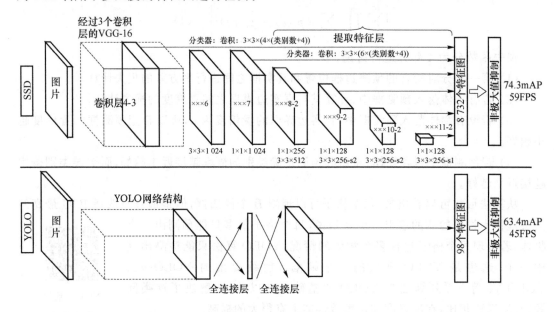

图 6-19　SSD 网络结构

　　SSD 借鉴了 Faster R-CNN 中锚点的理念,为每个单元设置了尺度和长宽比不同的先验框,预测的边界框都是在先验框的基础上加以修正。先验框如图 6-20 所示。

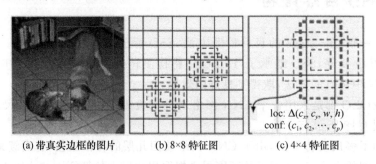

(a) 带真实边框的图片　　　(b) 8×8 特征图　　　(c) 4×4 特征图

图 6-20　SSD 先验框

先验框的尺度设置遵循了一个线性递增规则:随着特征图的大小降低,先验框尺度线性增加,在每个特征图上,先验框的尺度计算如下:

$$S_k = S_{\min} + \frac{S_{\max} - S_{\min}}{m-1}(k-1), \quad k \in [1, m] \tag{6-13}$$

其中,m 对应模型使用特征图的数量,原算法中初始化 $S_{\min} = 0.2$,$S_{\max} = 0.9$,对于每一张特征图里的每个单元,得到一个共同的 S_k,再根据一系列的长宽比,得到所要的先验框。

在训练过程中,需要确定训练图片中的真实框与哪个先验边框进行匹配,对应的先验框将负责预测它。在 YOLO 中,先找到真实框的中心所落在的单元格,再根据该单元格中与其 IOU 最大的边界框来负责预测它。在 SSD 中,对于图片中的每个真实框,找到与其 IOU 最大的先验框,通常称与真实框匹配的先验框为正样本,若一个先验边框没有与任何真实边框进行匹配,将其作为负样本。但是在一个图片中真实框的数量很少,先验框很多,所以,对于未匹配的先验框,若某个真实框与其 IOU 大于某个阈值,将这个真实框与该先验边框进行匹配。

6.2.4　小结

本小节介绍了以 YOLO 为代表的 One Stage 深度学习目标检测算法(YOLO,SSD),主要介绍了算法的核心思想和要点、难点,更多实现细节可以阅读原论文和代码。在继 YOLO 和 SSD 之后,YOLO 作者又提出了 YOLO-V2、YOLO-V3 版本,使用一系列的方法对 YOLO 进行了改进,在保持原有速度的同时提升精度;并提出了一种目标分类与检测的联合训练方法,同时在 COCO 和 ImageNet 数据集中进行训练得到 YOLO-9000,实现 9 000 多种物体的实时检测。

6.3　从 FCN 到 Mask R-CNN

前文主要介绍了目标检测的相关算法,目标检测需要精确找到图片中物体的位置,而语义分割要对图片中的每个像素进行分类,如图 6-21 所示,要判断原图中的每一个像素到底属于哪一个类别。

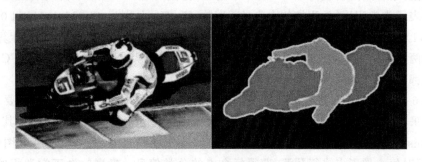

图 6-21　语义分割示例

6.3.1 FCN 网络结构

2014 年由伯克利大学提出了 FCN[9]开启了神经网络在语义分割的先河,如图 6-22 所示。分类、检测等是图像级别的任务,所以通常会在卷积层后面连接全连接层,输出想要的分类和位置信息。但是语义分割是像素级别的任务,因为要对图片上的每一个像素进行分类,所以希望输入一张图片,输出的尺寸能与原图一致,所以在 FCN 网络中,去掉了常用的全连接层。

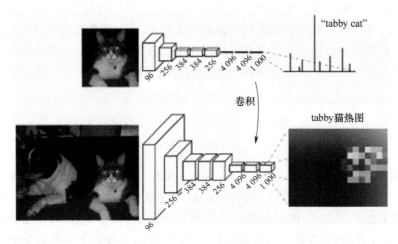

图 6-22　FCN 网络结构

为了对一个像素进行分类,传统的基于 CNN 的分割方法使用该像素及其周围部分作为 CNN 的输入,但是这种方法存在几个缺点:①存储开销大,通过不断的滑动窗口进行判别分类,存储空间会根据滑动窗口的次数和大小急剧上升。②计算效率低下,因为相邻的像素很多是重复的,针对每个像素进行卷积,这种计算会有大量的重复。

全连接层和卷积层最大的不同是卷积层中的神经元和输入数据中的一个局部区域连接,并且神经元之间共享参数。如图 6-22 所示,FCN 将传统 CNN 中的全连接层替换成了卷积层,在传统的 CNN 结构中,前 5 层是卷积层,第 6 层和第 7 层分别是一个长度为 4 096 的一维向量,第 8 层是长度为 1 000 的一维向量,分别对应 1 000 个不同类别的概率。FCN 将这 3 层表示为卷积层,卷积核的大小(通道数,宽,高)分别为(4 096,1,1)、(4 096,1,1)、(1 000,1,1)。数字上并没有什么差别,但是卷积和全连接是不一样的概念和计算过程,全连接需要两层网络每个对应节点之间都进行计算,而卷积大大减少了计算量。FCN 网络中所有的层都是卷积层,故称为全卷积网络。

由图 6-22 可以看到,最后得到了一个与原图像相同大小的分割图,因此需要对最后一层进行上采样(如图 6-23 所示),也称为反卷积(Deconvolution)或者更合理地将其称为转置卷积(Transpose Convolution)。转置卷积的意义在于将小尺寸、高纬度的特征图恢复成大尺度,以便对每个像素点进行预测,获得每个点的分类信息。考虑一个正常卷积的过程,对于一个 4 * 4 的输入图像,用 3 * 3 的卷积核进行卷积,得到 2 * 2 的输出图像。如果把输入和输出展开成一维向量,记作 i 和 o。卷积可以看作矩阵运算 $o = Ci$。其中 C 表示为

$$
\begin{pmatrix}
w_{0,0} & w_{0,1} & w_{0,2} & 0 & w_{1,0} & w_{1,1} & w_{1,2} & 0 & w_{2,0} & w_{2,1} & w_{2,2} & 0 & 0 & 0 & 0 & 0 \\
0 & w_{0,0} & w_{0,1} & w_{0,2} & 0 & w_{1,0} & w_{1,1} & w_{1,2} & 0 & w_{2,0} & w_{2,1} & w_{2,2} & 0 & 0 & 0 & 0 \\
0 & 0 & 0 & 0 & w_{0,0} & w_{0,1} & w_{0,2} & 0 & w_{1,0} & w_{1,1} & w_{1,2} & 0 & w_{2,0} & w_{2,1} & w_{2,2} & 0 \\
0 & 0 & 0 & 0 & 0 & w_{0,0} & w_{0,1} & w_{0,2} & 0 & w_{1,0} & w_{1,1} & w_{1,2} & 0 & w_{2,0} & w_{2,1} & w_{2,2}
\end{pmatrix}
$$

若要对 $2*2$ 的输入进行上采样,希望得到 $4*4$ 的图像,同样把输入和输出展开为一维向量,记作 i' 和 o'。需要进行的操作为 $o'=C^{\mathrm{T}}i'$。

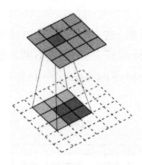

图 6-23　上采样示意图

采用上采样结构已经可以得到想要的结果,但是直接将全卷积后的特征图进行上采样得到的结果通常是很粗糙的,所以 FCN 又引入了跳跃结构(Skip Architecture)来优化结果,其将不同池化层的结果进行上采样,然后结合这些结果来优化输出,如图 6-24 所示。不同结构产生的结果对比如图 6-25 所示。

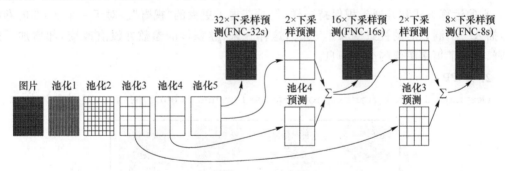

图 6-24　跳跃结构示意图

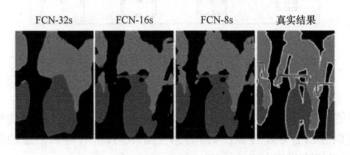

图 6-25　FCN 实验结果

6.3.2 DeepLab 网络结构

FCN 网络成功地对每个像素点进行了分类,但是没有充分考虑像素与像素之间的关系,而且上采样的结果也不够精细,为此,介绍 DeepLab 模型。其中包含如下几种比较关键的方法。

1. 空洞卷积

通常的池化操作可以增大感受野,这对于图像分类任务来说有很大的好处,但是池化操作降低了图像的分辨率,对于语义分割任务来说并不利,因此,空洞卷积就是一种能够在很好地提升感受野的同时保持空间分辨率的方法。空洞卷积实际上就是在普通的卷积核中间插入了几个洞,如图 6-26 所示。

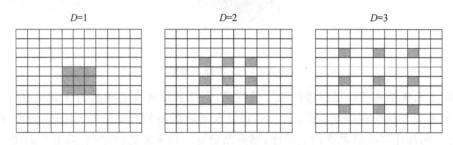

图 6-26 空洞卷积示意图

它的运算方式和普通卷积保持一样,但是获得了更大的"视野"。对于一个 3 * 3 的卷积核,插入一个洞以后的视野变为了 5 * 5,这样一来,卷积核的参数并没有改变,却增加了感受野,获得了更多图像的全局信息。

2. ASPP

DeepLabV2 引入了 ASPP(Atrous Spatial Pyramid Pooling)的结构,如图 6-27 所示。

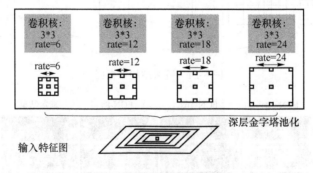

图 6-27 ASPP 基本结构

ASPP 层将使用空洞卷积扩大了感受野以后的结果融合起来,通过选择不同扩张率的空洞卷积去处理特征图,因为感受野不同,所有得到信息的层次也不同,ASPP 层将这些信息融合在了一起。

DeepLab 系列
网络详解

6.3.3　Mask R-CNN 网络结构

Mask R-CNN[10] 是基于以往的 Faster R-CNN 架构提出的新的卷积网络，该方法在有效地进行目标检测的同时完成了高质量的语义分割。为了实现这个目的，作者选用了经典的目标检测算法 Faster R-CNN 和经典的语义分割算法 FCN。Faster R-CNN 可以既快又准地完成目标检测的功能；FCN 可以精准地完成语义分割的功能，这两个算法都是对应领域中的经典之作。Mask R-CNN 比 Faster R-CNN 复杂，但是最终仍然可以达到很快的速度与准确率。

整个 Mask R-CNN 算法的思路很简单，就是在原始 Faster R-CNN 算法的基础上面增加了 FCN 来产生对应的 Mask 分支。

图 6-28 表示了整个 Mask R-CNN 的基本框架，基本步骤如下：

① 输入一张图片，通过神经网络获得相应的特征图。

② 对特征图上的每一点设定多个检测框，从而获得一系列的候选框（Region of Interest）。

③ 将这些候选框送入 RPN 网络进行分类和边框回归，过滤一部分候选框。

④ 对剩下的候选边框进行 ROI Align 操作，并进行分类、边框回归和 Mask 生成。

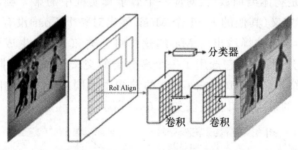

图 6-28　Mask R-CNN 基本架构

该论文提出了 ROI Align 操作，在 ROI Pooling 过程中，需要根据步长来对候选边框进行相应比例的缩放，若步长大小为 16，那么在特征图上对应的位置就用 $[x/16]$ 来表示，由于取整的存在会引入一定的误差，并且当缩放的比例增大的时候，误差也会增大。在目标检测任务中，这种误差通常对分类检测的结果影响并不大，但是在像素级别的语义分割任务中，这样的误差会严重影响分割结果。ROI Align 的提出就是为了能够使选择的特征图的区域更精确地对应原始图像的位置。

ROI 层通常是为了得到固定大小的特征图，ROI Align 操作并没有引入量化（取整）操作，避免引入量化误差，对于经过映射后得到的浮点数，通过双线性插值法来解决这种问题。双线性插值是一种图像缩放算法，它利用原图中的虚拟点周围 4 个真实存在的像素来估计目标图的一个像素值。

如图 6-29 所示，虚线框表示通过神经网络得到的特征图，4 个黑色区域表示需要输出大小为 2 * 2 的固定特征。利用双线性查找来估计图中随机采样的几个像素点，然后在每个区域中进行池化操作，获得最终 2 * 2 的输出结果。在整个过程中没有用到量化操作，没有引入误差,有利于提高检测的精度。

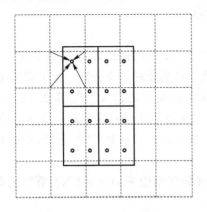

图 6-29　双线性插值法　　　　　　Mask R-CNN 网络详解

Mask R-CNN 向 Faster R-CNN 添加了一个分支来预测一个二进制的掩码(Mask),说明给定像素是否是目标的一部分。这样一来,对于每个 ROI,损失函数如下:

$$L = L_{cls} + L_{box} + L_{mask} \qquad (6-14)$$

其中,L_{cls} 和 L_{box} 的定义与 Faster R-CNN 中是一样的,在 Mask 分支中每个 ROI 的输出是 $K*m*m$,其中 K 是物体类别数目,对应一个属于真实框中的第 k 类的 ROI,L_{mask} 仅仅在第 k 个 Mask 上面有定义(其他的 $k-1$ 个 Mask 输出对整个 Loss 没有贡献)。依赖于分类分支所预测的类别标签来选择输出的 Mask,这样将分类和 Mask 生成两个任务分解开来。这与 FCN 进行语义分割不同,它选用了一个多分类的交叉熵函数,不同 Mask 之间存在竞争关系,会影响实验结果。而 Mask R-CNN 的结构中不同的 Mask 之间不存在竞争关系,这可以提高实例分割的效果。具体方法如图 6-30 所示。

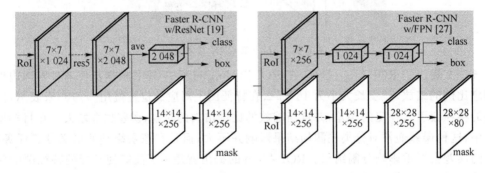

图 6-30　Mask 生成流程

6.3.4　小结

本小节介绍了物体分割相关算法,分析了 ROI Pool 的不足,提出了 ROI Align,提升了检测和实例分割的效果;将实例分割分解为分类和 Mask 生成两个分支,依赖于分类分支所预测的类别标签来选择输出对应的 Mask。同时利用 Binary Loss 代替 Multinomial Loss,消除了不同类别的 Mask 之间的竞争,生成了准确的二值 Mask;并行进行分类和 mask 生成任务,对模型进行了加速。

6.4　本章总结

　　本章主要介绍了基于深度学习目标检测与语义分割两类算法。目标检测可以应用于自动驾驶、人脸识别等领域。从最初 R-CNN 提出开始,基于深度学习的目标检测算法发展迅速,在不到三年的时间里,Faster R CNN、YOLO、SSD 以及后来的一系列 Mask R-CNN、R-FCN等方法在目标检测任务上取得了惊人的成果。但是同时也面临着很多挑战,复杂的现实环境往往与实验中的理想情况存在诸多差异,如何将算法与实际结合起来,还存在很多难点待解决。语义分割比分类和物体检测需要的精度更高,难度也更大。在宏观意义上来说,语义分割是为场景理解铺平了道路的一种高层任务。目前,语义分割问题已经被许多不错的方法所解决,但是仍然存在很多开放的问题,这些问题一旦解决将会对真实场景的应用带来很大的帮助。

本章思考题

（1）如何理解端到端算法？

（2）目标检测模型通常怎么评价精度？

（3）SDD 中所有 boundingbox 都参与训练吗？怎么决定哪个 boundingbox 参与训练？

（4）为什么 two-stage 算法比 one-stage 算法精度高？

（5）Anchor 比例为什么那么设置？

（6）Faster R-CNN 中 ROI Pooling 的原理是什么？

本章参考文献

[1]　EINSTEIN A,PODOLSKY B, ROSEN N. Can quantum-mechanical description of physical reality be considered complete? [J]. Phys. Rev,1935, 47:777-780.

[2]　DALAL N, TRIGGS B. Histograms of oriented gradients for human detection [C]. 2005.

[3]　GIRSHICK R, DONAHUE J, Darrell T, et al. Rich feature hierarchies for accurate object detection and semantic segmentation[C] Proceedings of the IEEE conference on computer vision and pattern recognition. 2014: 580-587.

[4]　HE K, ZHANG X, REN S, et al. Spatial pyramid pooling in deep convolutional networks for visual recognition[J]. IEEE transactions on pattern analysis and machine intelligence,2015, 37(9): 1904-1916.

[5]　GIRSHICK R. Fast r-cnn[C]. Proceedings of the IEEE international conference on

computer vision，2015：1440-1448.

[6] REN S，HE K，GIRSHICK R，et al. Faster r-cnn：Towards real-time object detection with region proposal networks［C］Advances in neural information processing systems. 2015：91-99.

[7] REDMON J，DIVVALA S，GIRSHICK R，et al. You only look once：Unified，real-time object detection［C］. Proceedings of the IEEE conference on computer vision and pattern recognition，2016：779-788.

[8] LIU W，ANGUELOV D，ERHAN D，et al. Ssd：Single shot multibox detector ［C］. European conference on computer vision. Springer，Cham，2016：21-37.

[9] LONG J，SHELHAMER E，DARRELL T. Fully convolutional networks for semantic segmentation［C］. Proceedings of the IEEE conference on computer vision and pattern recognition. 2015：3431-3440.

[10] HE K，GKIOXARI G，DOLLáR P，et al. Mask r-cnn［C］. Proceedings of the IEEE international conference on computer vision. 2017：2961-2969.

第 7 章

图片描述与关系识别

本章思维导图

图片描述与关系识别是一类结合计算机视觉与自然语言处理相关领域的任务,本章首先介绍单词、句子在深度学习模型中的表示,并引入 Encoder-Decoder 结构与注意力机制,然后对目前流行的图片描述与关系识别模型进行介绍。

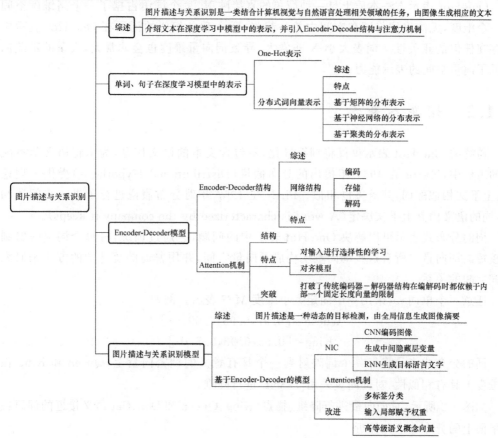

7.1 单词、句子在深度学习模型中的表示

7.1.1 One-Hot 表示

在自然语言处理领域中,一个十分重要的任务是表示单词/句子。对于一个特征,例如性别(男、女),其特征是离散、无序的,我们需要将其表示为计算机可以识别的输入,常用的方法是 One-Hot 表示。设词库中词的个数为 N,用一个 $1 * N$ 的高维向量来表示某个单词,固定单词的顺序,一个词会在某个索引取到 1,其他位置都取 0。具体表示方法如图 7-1 所示。

$$w^{\text{aardcark}} = \begin{bmatrix} 1 \\ 0 \\ 0 \\ \vdots \\ 0 \end{bmatrix}, \quad w^{a} = \begin{bmatrix} 0 \\ 1 \\ 0 \\ \vdots \\ 0 \end{bmatrix}, \quad w^{at} = \begin{bmatrix} 0 \\ 0 \\ 1 \\ \vdots \\ 0 \end{bmatrix}, \cdots, \quad w^{\text{zebra}} = \begin{bmatrix} 0 \\ 0 \\ 0 \\ \vdots \\ 1 \end{bmatrix}$$

图 7-1 One-Hot 词向量表示

One-Hot 表示方法本质上是一种简单的直接映射,每个词语占据了一个高维度空间中的一个维度,无法将词与词在空间中关联起来,两个意义相似的词语在 One-Hot 表示中也不存在任何的相关性。词表大小 N 非常大,导致词向量维度也会非常大,大量的稀疏向量降低了向量空间的表示能力。

7.1.2 词嵌入表示

传统的 One-Hot 表示仅仅将词符号化,不包含文本的语义信息,为了将语义信息融入词的表示中,Harris 在 1954 年提出的分布假说(Distributional Hypothesis)提供了理论基础:上下文相似的词,其语义也相似。Firth 在 1957 年对分布假说进行了进一步阐述和明确:词的语义由其上下文决定(A word is characterized by the company it keeps)。

词的分布式表示可以解决 One-Hot 表示中的问题,它通过训练,将每个词都映射到一个较短的词向量。所有这些词向量就构成了向量空间,并用普通的统计学的方法来研究词与词之间的关系。

任意一个单词 w,采用一个固定大小维度 M 来表示。例如:

$$\text{Queen} = [0.97, 0.95, 0.69, \cdots]$$
$$\text{King} = [0.95, 0.93, 0.7, \cdots]$$

词的分布式表示将每一个词映射到一个具有意义的稠密向量上,Queen 和 King 在某些维度上具有相似性,对词向量采用 T-SNE 进行降维。

如图 7-2 所示,对词向量进行降维、描点,King、Queen 和 Dog、Cat 语义接近的词语在整个平面上的分布也十分接近。

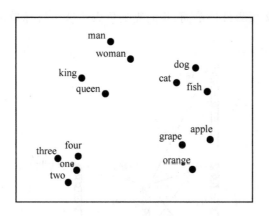

图 7-2　分布式词向量二维表示

语言模型也是自然语言处理中一个关键的概念,其包括文法语言模型和统计语言模型,语言模型一般代指统计语言模型。统计语言模型即把词的序列看成一个随机事件,并赋予相应的概率来描述其属于某种语言集合的可能性。给定一个词汇集合 V,对于一个由 V 中的词构成的序列 $S=<w_1 \cdots w_T> \in V_N$,统计语言模型赋予这个序列一个概率 $P(S)$ 来衡量 S 符合自然语言的语法和语义规则的置信度。常见的统计语言模型有 N 元文法模型(N-gram Model)。形式化讲,统计语言模型的作用是为一个长度为 m 的字符串确定一个概率分布,表示其存在的可能性,在实际求解过程中,常采用式(7-1)计算其概率值,这种方法保留住了一定的词序,捕捉住上下文信息。

$$P(w_i \mid w_1, w_2, \cdots, w_{i-1}) \approx P(w_i \mid w_{i-(n-1)}, \cdots, w_{i-1}) \tag{7-1}$$

基于分布假说的词表示方法,根据建模的不同,主要可以分为三类:基于矩阵的分布表示、基于聚类的分布表示和基于神经网络的分布表示。其核心思想由两部分组成:(1)选择一种方式描述上下文;(2)选择一种模型刻画某个词(下文称"目标词")与其上下文之间的关系。

基于矩阵的分布式表示通常称为分布语义模型,在这种表示下,矩阵中的一行为对应词的表示,这种表示描述了该词的上下文的分布。由于分布假说认为上下文相似的词,其语义也相似,因此在这种表示下,两个词的语义相似度可以直接转化为两个向量的空间距离。GloVe 模型[1]是一种对"词-词"矩阵进行分解从而得到词表示的方法,属于基于矩阵的分布表示。

基于聚类的分布式表示方法通过聚类手段构建词与其上下文之间的关系。其中最经典的方法是布朗聚类。布朗聚类是一种自底层向上的层次聚类算法,基于 n-gram 模型和马尔科夫链模型。布朗聚类是一种硬聚类,每一个词都在且只在唯一的一个类中。

基于神经网络的分布表示称为词嵌入(Word Embedding),神经网络词向量模型与其他分布表示方法一样,均基于分布假说,核心依然是上下文的表示以及上下文与目标词之间的关系的建模。

Word2vec[2]是一种实现分布式词向量表征的方法,根据上下文之间的出现关系去训练词向量,有两种训练模式,Skip-gram 和 CBOW,其中 Skip-gram 根据目标单词预测上下文,CBOW 根据上下文预测目标单词,最后使用模型的部分参数作为词向量。

CBOW 根据上下文预测目标单词,我们需要极大化这个目标单词的出现概率,如图 7-3 所示。

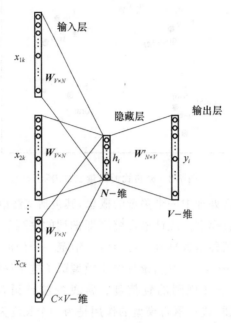

图 7-3　CBOW 网络结构

CBOW 模型的输入为上下文单词的 One-Hot 向量,所有 One-Hot 向量分别乘以共享的输入权重矩阵 W_{V*N},相加求平均值作为隐藏层向量,乘以输出权重矩阵 W'_{N*V},得到 $1*V$ 维度向量,经过激活函数处理得到概率分布,概率最大的索引所指示的单词为预测出的中间词。

Skip-gram 根据目标单词预测其上下文,假设输入的目标单词为 x,定义上下文窗口大小为 c,对应的上下文为 $y_1, y_2, y_3, \cdots, y_c$,这些 y 是相互独立的,如图 7-4 所示。

Word2vec 本质上是一个语言模型,它的输出节点个数是 V,对应了 V 个词语,是一个多分类问题。实际中,词语的个数非常多,会给计算造

Word2vec
改进方法详解

成很大困难,所以需要用技巧来加速训练。常采用类似 HierarchicalSoftmax 和 NegativeSampling 这样的技巧,此处不予详细介绍。

词嵌入的训练方法大致可以分为两类:一类是无监督或弱监督的预训练;另一类是端对端的有监督训练。无监督或弱监督的预训练以 Word2vec 和 Auto-encoder 为代表。这一类模型不需要大量的人工标记样本就可以得到质量较好 Embedding 向量。但是缺少了任务导向,与要解决的问题还有一定的距离。因此,往往会在得到预训练的 Embedding 向量后,用少量人工标注的样本去微调整个模型。与无监督模型相比,端对端的模型在结构上往往更加复杂。同时,也因为有着明确的任务导向,端对端模型学习到的 Embedding 向量也往往更加准确。例如,通过一个 Embedding 层和若干个卷积层连接而成的深度神经网络可以实现对句子的情感分类,可以学习到语义更丰富的词向量表达。

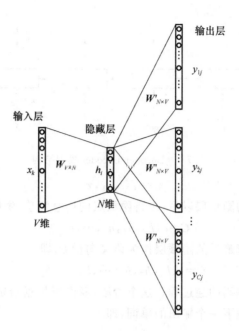

图 7-4　Skip-gram 网络结构

7.1.3　小结

本小节介绍了文本在深度学习模型中的表示方法,在自然语言处理任务中,最常用的方法是词嵌入,根据词嵌入相关算法得到的词向量能够蕴含丰富的语义信息,为后续任务提供了有效的输入特征。

7.2　Encoder-Decoder 模型

7.2.1　Encoder-Decoder 基本结构

Encoder-Decoder[3]是深度学习中常见的模型框架。一般来说,它是一个解决类似 Seq2Seq 类问题的框架,Sequence 代表一个字符串序列,当给定一个字符串序列以后,得到与之对应的另一个字符串序列。

整个流程可以分为编码、存储、解码这三个过程,如图 7-5 所示。Encoder 通过学习输入,将其编码为一个固定大小的状态向量 S,接着将 S 传入 Decoder。Decoder 通过对状态向量 S 的学习来输出。

图 7-5 中每个 Box 代表一个 RNN 单元,通常是 LSTM(Long Short-Term Memory)或者 GRU(Gated Recurrent Unit)。在 RNN 中,当前时刻的隐藏层的状态是由上一时刻的隐藏层的状态和当前时刻的输入来决定的。

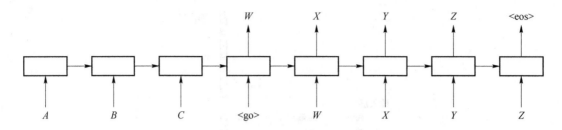

图 7-5 Encoder-Decoder 模型结构

$$h_t = f(h_{t-1}, x_t) \tag{7-2}$$

获得了各个时间段的隐藏层以后，再将隐藏层的信息汇总，生成最后的语义向量

$$C - q(h_1, h_2, h_3, \cdots, h_{T_x}) \tag{7-3}$$

一种简单的方法是将最后的隐藏层作为语义向量 C，即

$$C = q(h_1, h_2, h_3, \cdots, h_{T_x}) = h_{T_x} \tag{7-4}$$

解码阶段可以看成编码的逆过程。这个阶段，我们要根据给定的语义向量 C 与之前已经生成的输出序列来预测下一个输出的单词，即

$$y_t = \mathrm{argmax} P(y_t) = \prod_{t=1}^{T} P(y_t \mid \{y_1, y_2, \cdots, y_{t-1}\}, C) h_{T_x} \tag{7-5}$$

也可以写作

$$y_t = g(\{y_1, \cdots, y_{t-1}\}, C) h_{T_x} \tag{7-6}$$

在 RNN 中，式(7-6)可以简化成

$$y_t = g(y_{t-1}, s_t, C) h_{T_x} \tag{7-7}$$

其中，s_t 是输出 RNN 中的隐藏层；C 代表之前提过的语义向量；y_{t-1} 表示上个时间段的输出，反过来作为这个时间段的输入；g 则可以是一个非线性的多层的神经网络，产生词典中各个词语属于的概率。

Encoder-Decoder 模型非常经典，但也存在一定的局限性。最大的局限性在于编码和解码之间的唯一联系是一个固定长度的语义向量 C。编码器要将整个序列的信息压缩进一个固定长度的向量中去。这样做有两个不足：一是语义向量无法完全表示整个序列的信息；二是先输入的内容携带的信息会被后输入的信息稀释掉。输入序列越长，这个现象就越严重。这使得解码一开始时就没有获得输入序列足够的信息，降低了解码的准确度。

7.2.2 Attention 机制

为此，模型引入了 Attention[4] 结构，在原始的 Encoder-Decoder 结构中（图 7-6），Encoder 只将最后一个输出递给了 Decoder。Decoder 无法得到位置信息等输入的具体细节。

Attention 机制打破了传统编码器-解码器结构在编解码时都依赖于内部一个固定长度向量的限制。Attention 通过保留 LSTM 编码器对输入序列的中间输出结果，然后训练一个模型来对这些输入进行选择性的学习并且在模型输出时将输出序列与之进行关联。定义每个时刻 Decoder 的输出

$$s_t = f(s_{t-1}, y_{t-1}, \boldsymbol{c}_t) h_{T_x} \tag{7-8}$$

s_t 是 Decoder 在 t 时刻的输出，s_{t-1} 是 Decoder 在 $t-1$ 时刻的输出。定义输出的条件概率

$$P(y_i | \{y_1, y_2, \cdots, y_{i-1}\}, \boldsymbol{X}) = g(y_{t-1}, s_t, \boldsymbol{C}) h_{T_x} \tag{7-9}$$

此处条件概率与每个目标输出 y_i 对应的内容向量 c_i 有关，而在传统方式中，只有一个内容向量 $\boldsymbol{C}$，而此处的 c_i 如图 7-6 所示。

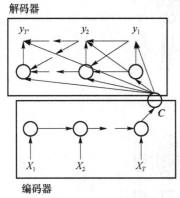

(a) 原始Encoder-Decoder结构

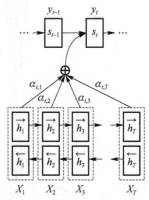

(b) 基于Attention的Encoder-Decoder结构

图 7-6　原始的和基于 Attention 的 Encoder 结构

$$c_i = \sum_{j=1}^{T_x} \alpha_{ij} h_j h_{T_x} \tag{7-10}$$

由于编码使用了双向 RNN，因此可以认为 h_i 中包含了输入序列中第 i 个词以及前后一些词的信息。将隐藏向量序列按权重相加，表示在生成第 i 个输出的时候的注意力分配是不同的。α_{ij} 的值越高，表示第 i 个输出在第 j 个输入上分配的注意力越多，生成第 i 个输出时受到第 j 个输入的影响也就越大。α_{ij} 定义为

$$\alpha_{ij} = \frac{\exp(e_{ij})}{\sum_{j=1}^{T_x} \exp(e_{ik})} h_{T_x} \tag{7-11}$$

$$e_{ij} = \alpha(s_{i-1}, h_j) h_{T_x} \tag{7-12}$$

s_{i-1} 先跟每个隐藏层的状态分别计算得到一个数值，然后使用 Softmax 得到 i 时刻的输出在 T_x 输入隐藏状态中的注意力分配向量。这个分配向量也就是计算 c_i 的权重。具体应用场景如图 7-7 所示。

使用 Attention 机制之后会增加计算量，但是性能水平能够得到提升。另外，使用 Attention 机制便于理解在模型输出过程中输入序列中的信息是如何影响最后生成序列的。这有助于我们更好地理解模型的内部运作机制。

在机器翻译任务中，通过 Attention 权重可视化可以得到在翻译某个词的时候的注意力分布，如图 7-8 所示。

上述内容是 Attention 模型的基本思想，一般在自然语言处理应用里会把 Attention 模型看作是输出目标句子中某个单词和输入源句子每个单词的对齐模型。

目标句子生成的每个单词对应输入句子单词的概率分布可以理解为输入句子单词和这个目标生成单词的对齐概率，这在机器翻译语境下是非常直观的：传统的统计机器翻译一般在做的过程中会专门有一个短语对齐的步骤，而注意力模型其实起的是相同的作用。

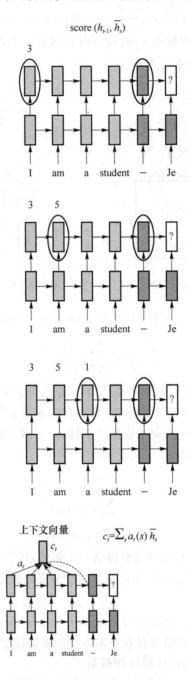

图 7-7　Attention 应用场景示

　　把 Attention 机制从上文讲述例子中的 Encoder-Decoder 框架中剥离，并进一步做抽象，得到 Attention 机制的本质思想。Google 神经网络机器翻译如图 7-9 所示。

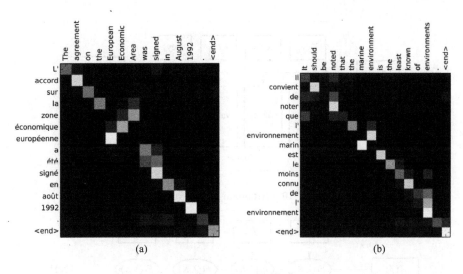

图 7-8　Attention 可视化

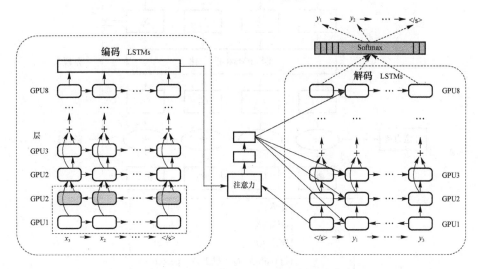

图 7-9　Google 神经网络机器翻译系统结构图

如图 7-10 所示，Source 中的构成元素是由一系列的＜Key，Value＞数据对构成，此时给定 Target 中的某个元素 Query，通过计算 Query 和各个 Key 的相似性或者相关性，得到每个 Key 对应 Value 的权重系数，然后对 Value 进行加权求和，即得到了最终的 Attention 数值。所以本质上 Attention 机制是对输入中元素的 Value 值进行加权求和，而 Query 和 Key 用来计算对应 Value 的权重系数。即可以将其本质思想改写为式(7-13)：

$$\text{Attention}(\text{Query},\text{Source}) = \sum_{i=1}^{L_x} \text{Similarity}(\text{Query},\text{Key}_i) * \text{Value}_i h_{T_x} \quad (7\text{-}13)$$

Query 与 Key 之间计算相似度有许多方法，如 Dot、General、Concat 和 MLP 等，具体公式如图 7-11 所示。而 Attention 模型抽象为 Query、Key 和 Value 之间的相似度计算，总共有 3 个阶段。第一阶段，Query 与 Key_i 使用特定的相似度函数计算相似度，得到 s_i；第二阶段，对 s_i 进行 Softmax 归一化得到 α_i；第三阶段，将 α_i 与 value_i 对应相乘再求和，得到最终的 AttentionValue。具体方法如图 7-11 所示。

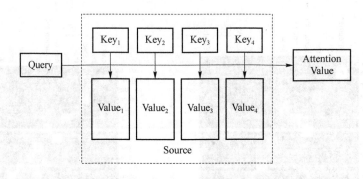

图 7-10　Attention 机制本质思想

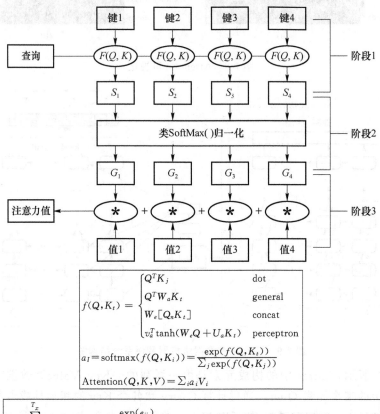

图 7-11　Attention 机制计算

若想详细了解 Attention 计算的相关内容，请扫描书右侧的二维码。

Attention 机制详解

7.2.3　小结

本小节主要介绍了 Encoder-Decoder 框架及注意力机制，为序列问题提供了一个很好的解决方案，并通过 Attention 机制的引入，打破了只能利用 Encoder 最终单一向量结果的限制，从而使模型可以集中在所有对于下一个目标单词重要的输入信息上，使模型效果得到极大的改善。

7.3　基于 Encoder-Decoder 的图片描述与关系识别模型

图像描述与关系识别问题其本质是视觉到语言（Visual-to-Language，V2L）的问题，如图 7-12 所示。随着深度学习领域的发展，一种将深度卷积神经网络和循环神经网络结合起来的方法在图像标注问题上取得了显著的进步。

一匹马带着很多干草，有两个人坐在马上。

下面有一个狭窄的架子的双层床。

当裁判员看着他时，击球手准备在球场上的挥杆。

图 7-12　图片描述示例

图片描述是一种动态的目标检测，由全局信息生成图像摘要。例如，利用图像处理的一些算子提取出图像的特征，最早的做法是经过 SVM 分类等得到图像中可能存在的目标。根据提取出的目标以及它们的属性，利用 CRF 或者一些人为制定的规则来恢复成对图像的描述。这种做法依赖于图像特征的提取和生成句子时所需要的规则，效果并不理想。

在 7.1 节中提到了利用 Encoder-Decoder 结构来进行 Seq2seq 任务的处理，常用的做法是利用编码器 RNN 读入源语言文字生成中间隐藏层变量，然后利用解码器 RNN 读入中间隐藏层变量，逐步生成目标语言文字。而对于图片描述任务来说，最基本的模型架构分为两个部分：首先通过一个卷积神经网络提取出图像的特征，然后将输出的特征输入循环神经网络用于生成对应的描述。将 CNN 和 RNN 结合的模型用于解决图像标注问题的研究最早从 2014 年提出，2015 年开始对模型各个部分的组成进行更多尝试与优化，到 2016 年 CVPR 上成为一个热门的专题。在这个发展中，将 RNN 和 CNN 结合的核心思路没变，变化的是使用了更好、更复杂的 CNN 模型，使用了效果更好的 LSTM，使用了图像特征输入 RNN 中的方式，以及使用了更复合的特征输入等。

7.3.1 NIC 网络模型

Google 将机器翻译中编码源输入的 RNN 替换成 CNN 来编码图像,提出了 NIC 模型,如图 7-13 所示。用这种方式来获得图像的描述。源输入就是图像,目标文字就是生成的描述,标签为给定的图片描述向量。

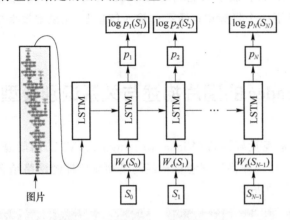

图 7-13　NIC 网络模型　　　　　　　　　　NIC 模型详解

以上模型所示的流程,可以用下列公式来概括:

$$x_{-1} = \mathrm{CNN}(I)h_{T_x} \tag{7-14}$$

$$x_t = W_e S_t, \quad t \in \{0, \cdots, N-1\}h_{T_x} \tag{7-15}$$

$$p_{t+1} = \mathrm{LSTM}(x_t), \quad t \in \{0, \cdots, N-1\}h_{T_x} \tag{7-16}$$

7.3.2 基于 Attention 的图片描述

在图像描述任务中,可以引入在 Encoder-Decoder 框架中的 Attention 机制,对输入信息的各个局部赋予权重[6]。使用了 Attention 机制后,我们可以根据权重系数的大小,得知在生成每个词时模型关注到了图片的哪个区域。图 7-14 展示了一些例子,每个句子都是模型自动生成的,在图片中用白色高亮标注了生成下画线单词时模型关注的区域。

除使用 Attention 的机制改善 Encoder-Decoder 结构外,提供了另外一种改进原始模型的方式,即使用高层语义特征。作者把这个高层语义理解为一个多标签分类问题。在 Image Caption 任务中,需要知道图片里面有哪些物体,由于一张图片中的物体数目很多,因此图片和物体标签就是一个一对多的关系,而不是通常的一对一的关系。为此,我们需要对原先的 CNN 结构做出适当调整。在通常的一对一关系中,我们在卷积特征后使用一个 Softmax 即可,而在一对多关系中,假设我们要找出 c 类物体,那么就分别使用 c 个 Softmax 层。

假设有 N 个训练样例,$y_i = [y_{i1}, y_{i2}, \cdots, y_{ic}]$ 是第 i 个图像对应的标签向量,如果 $y_{ij} = 1$,表示图像中有该标签,反之则没有。$p_i = [p_{i1}, p_{i2}, \cdots, p_{ic}]$ 是对应的预测概率向量,则最终的损失函数为

A woman is throwing a frisbee in a park　　A dog is standing on a hardwood floor　　A stop sign is on a road with a mountain in the background

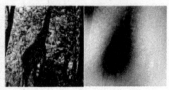

A little girl sitting on a bed with a teddy bear　　A group of people sitting on a boat in the water　　A giraffe standing in a forest with trees in the background

图 7-14　基于 Attention 机制的图片描述任务

$$J = \frac{1}{N} \sum_{i=1}^{N} \sum_{j=1}^{c} \log(1 + \exp(-y_{ij}\, p_{ij}))h_{T_x} \tag{7-17}$$

在训练时,首先在所有描述中提取出现最频繁的 c 个单词作为总标签数,每个图像的训练数据直接从其描述单词中取得。训练完成后,针对每张图片提取高层的语义表达向量,如图 7-15 所示。

得到 $V_{att}(I)$ 后,将其送入 Decoder 进行解码,Decoder 的结构和传统结构类似,在图 7-15 中,虚线使用卷积特征 CNN(I),实线使用 $V_{att}(I)$,实验证明,使用 $V_{att}(I)$ 代替 CNN(I) 可以大幅度提高模型效果。

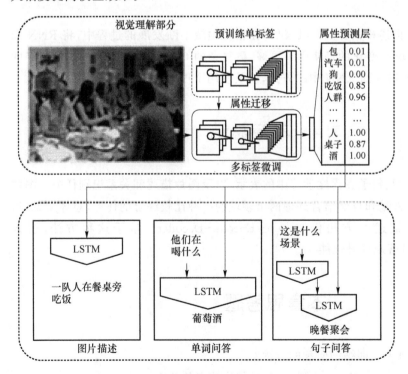

基于 Attention 的图片
描述模型详解

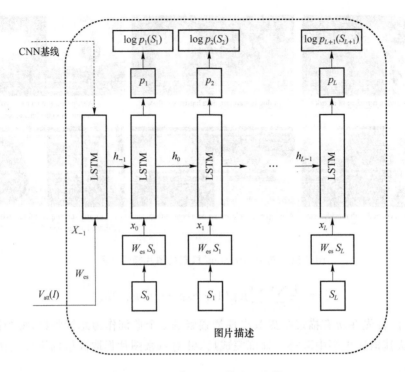

图 7-15　高层语义信息网络模型

7.3.3　小结

本小节介绍了图片描述相关算法及其发展,在相关领域不断发展的过程中,将 RNN 和 CNN 结合的核心思路没变,变化的是使用了更好、更复杂的 CNN 模型,使用了效果更好的 LSTM,使用了图像特征输入到 RNN 中的方式,以及使用了更复合的特征输入等。

7.4　本章总结

本章主要介绍了单词、句子在深度学习中的表示,以及图片描述和关系识别任务。图像描述任务是结合计算机视觉和自然语言处理两个领域的一种比较综合的任务,总体来说,目前深度学习领域图片描述的方法仍主要是 Encoder-Decoder。基于这种方法,引入 Attention 机制能较为显著地提升性能。

本章思考题

(1) 如何理解 Word2vec 训练词向量的过程?

(2) 目前主流的 Attention 方法有哪些?各自的优缺点是什么?

（3）LSTM 如何防止梯度爆炸？

（4）Seq2Seq 模型适用于哪些领域？为什么？

（5）在图片描述任务中如何更好地结合文字和图像信息？

本章参考文献

［1］ PENNINGTON J，SOCHER R，MANNING C. Glove：Global vectors for word representation［C］. Proceedings of the 2014 conference on empirical methods in natural language processing（EMNLP）. 2014：1532-1543.

［2］ MIKOLOV T，CHEN K，CORRADO G，et al. Efficient estimation of word representations in vector space［J］. arXiv preprint arXiv:1301.3781，2013.

［3］ SUTSKEVER I，VINYALS O，LE Q V. Sequence to sequence learning with neural networks［C］. Advances in neural information processing systems. 2014：3104-3112

［4］ BAHDANAU D，CHO K，BENGIO Y. Neural machine translation by jointly learning to align and translate［J］. arXiv preprint arXiv:1409.0473，2014.

［5］ VINYALS O，TOSHEV A，BENGIO S，et al. Show and tell：A neural image caption generator［C］. Proceedings of the IEEE conference on computer vision and pattern recognition. 2015：3156-3164.

［6］ WU Q，SHEN C，LIU L，et al. What value do explicit high level concepts have in vision to language problems？［C］. Proceedings of the IEEE conference on coputer vision and pattern recognition. 2016：203-212.

第 8 章

生成对抗网络

本章思维导图

本章主要介绍生成对抗网络的结构和它的简单原理,并通过多种 GANs 的应用实例向读者展示对抗网络的思维。8.1 节将会介绍 GANs 的模型设计,首先会介绍生成模型与判别模型各自计算的内容,然后会讲述对抗网络思想,并基于这一思想阐述对抗网络模型的搭建方式。8.2 节会从理论上介绍生成对抗网络的来龙去脉,从数学计算式上推导生成器与判别器的计算本质。8.3 节会介绍生成对抗网络在应用上的实践,包括文本转图像、照片风格转换、局部变脸术和定制图片生成四个内容。

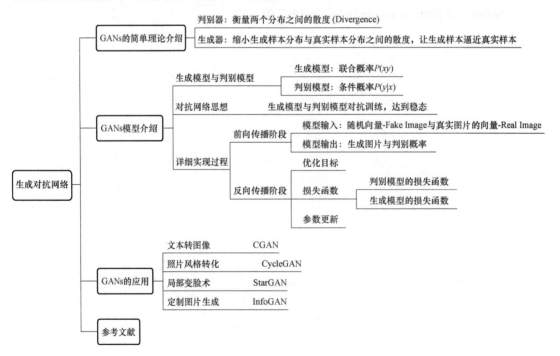

生成对抗网络(Generative Adversarial Networks,GANs)是一种深度学习模型,是近年来复杂分布上无监督学习最具前景的方法之一。模型通过框架中(至少)两个模块:生成模型(Generative Model)和判别模型(Discriminative Model)的互相博弈学习产生相当好的输出。本章主要介绍生成对抗网络的结构和它的简单原理,并通过多种 GANs 的应用实例向读者展示对抗网络的思维。

8.1　GANs 模型介绍

8.1 节将会介绍 GANs 的模型设计,首先会介绍生成模型与判别模型各自计算的内容,然后会讲述对抗网络思想,并基于这一思想将生成模型与判别模型结合在一起进行对抗训练,并通过详细训练过程的解读让读者领会生成对抗网络的搭建思维。

8.1.1　生成模型与判别模型

理解对抗网络,首先要了解生成模型和判别模型。判别模型比较好理解,就像分类一样,有一个判别界限,通过这个判别界限去区分样本。从概率角度分析就是获得样本 x 属于类别 y 的概率,是一个条件概率 $P(y|x)$。而生成模型是需要在整个条件内去产生数据的分布,就像高斯分布一样,需要去拟合整个分布,从概率角度分析就是样本 x 在整个分布中的产生的概率,即联合概率 $P(xy)$。

8.1.2　对抗网络思想

理解了生成模型和判别模型后,再来理解对抗网络就很直接了,对抗网络只是提出了一种网络结构,总体来说,GANs 简单的想法就是用两个模型(一个生成模型、一个判别模型)。判别模型用于判断一个给定的图片是不是真实的图片(从数据集里获取的图片),生成模型的任务是去创造一个看起来像真的图片一样的图片。而在开始的时候这两个模型都是没有经过训练的,这两个模型一起对抗训练,生成模型产生一张图片去欺骗判别模型,然后判别模型去判断这张图片是真是假,最终在这两个模型训练的过程中,两个模型的能力越来越强,最终达到稳态。(本书仅介绍 GANs 在计算机视觉方面的应用,而实际上 GANs 的用途很广,除图像外,文本、语音或者任何只要有规律的数据合成等都能用 GANs 实现。)

8.1.3　详细实现过程

如图 8-1 所示,假设我们现在的数据集是手写体数字的数据集 mnist,生成模型的输入可以是二维高斯模型中一个随机的向量,生成模型的输出是一张伪造的 fake image,同时通过索引获取数据集中的真实手写数字图片 real image,然后将 fake image 和 real image 一同传给判别模型,由判别模型给出 real 或 fake 的判别结果。于是,一个简单的 GANs 模型就搭建好了。

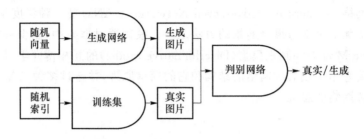

图 8-1　生成对抗网络模型架构

值得注意的是,生成模型 G 和判别模型 D 可以是各种各样的神经网络,对抗网络的生成模型和判别模型没有任何限制。

1. 前向传播阶段

(1) 模型输入

① 我们随机产生一个随机向量作为生成模型的数据,然后经过生成模型后产生一个新的向量,作为 Fake Image,记作 $D(z)$。

② 从数据集中随机选择一张图片,将图片转化成向量,作为 Real Image,记作 x。

(2) 模型输出

将由①或者②产生的输出,作为判别网络的输入,经过判别网络后输出值为一个 0 到 1 之间的数,用于表示输入图片为 Real Image 的概率,real 为 1,fake 为 0。

使用得到的概率值计算损失函数,解释损失函数之前,我们先解释下判别模型的输入。根据输入的图片类型是 Fake Image 或 Real Image 将判别模型的输入数据的 label 标记为 0 或者 1。即判别模型的输入类型为 $(x_{\text{fake}},0)$ 或者 $(x_{\text{real}},1)$。

2. 反向传播阶段

(1) 优化目标

原文给了这么一个优化函数:

$$\min_G \max_D V(D,G)=E_{x\sim p_{\text{data}}(x)}[\lg(D(x))]+E_{z\sim p_z(z)}[\lg(1-D(G(z)))] \tag{8-1}$$

我们来理解一下这个目标公式,先优化 D,再优化 G,拆解之后即为如下两步。

第一步:优化 D

$$\max_D V(D,G)=E_{x\sim p_{\text{data}}(x)}[\lg(D(x))]+E_{z\sim p_z(z)}[\lg(1-D(G(z)))] \tag{8-2}$$

优化 D,即优化判别网络时,生成网络不需要参与其中,后面的 $G(z)$ 就相当于已经得到的假样本。优化 D 的公式的第一项,使得真样本 x 输入的时候,得到的结果越大越好,因为真样本的预测结果越接近 1 越好;对于假样本 $G(z)$,需要优化的是其结果越小越好,也就是 $D(G(z))$ 越小越好,因为它的标签是 0。但是第一项越大,第二项越小,就矛盾了,所以把第二项改为 $1-D(G(z))$,这样就是越大越好。

第二步:优化 G

$$\min_G V(D,G)=E_{z\sim p_z(z)}[\lg(1-D(G(z)))] \tag{8-3}$$

在优化 G 的时候,真样本对这一目标式没有影响,所以把第一项直接去掉,这时候只有假样本,但是这个时候希望假样本的标签是 1,所以是 $D(G(z))$ 越大越好,但是为了统一成 $1-D(G(z))$ 的形式,那么只能是最小化 $1-D(G(z))$,本质上没有区别,只是为了形式的统一。之后这两个优化模型可以合并起来写,就变成最开始的最大最小目标函数了。

我们依据上面的优化目标函数,便能得到如下模型最终的损失函数。

$$-((1-y)\lg(1-D(G(z)))+y\lg D(x)) \tag{8-4}$$

(2)判别模型的损失函数

当输入的是从数据集中取出的 real Iamge 数据时,我们只需要考虑第二部分,$D(x)$ 为判别模型的输出,表示输入 x 为 real 数据的概率,我们的目的是让判别模型的输出 $D(x)$ 的输出尽量靠近 1。

当输入的为 fake 数据时,我们只计算第一部分,$G(z)$ 是生成模型的输出,输出的是一张 Fake Image。我们要做的是让 $D(G(z))$ 的输出尽可能趋向于 0。这样才能表示判别模型是有区分力的。

相对判别模型来说,这个损失函数其实就是交叉熵损失函数。计算 loss,进行梯度反传。这里的梯度反传可以使用任何一种梯度修正的方法。

当更新完判别模型的参数后,我们再去更新生成模型的参数。

(3)生成模型的损失函数

$$(1-y)\lg(1-D(G(z))) \tag{8-5}$$

对于生成模型来说,我们要做的是让 $G(z)$ 产生的数据尽可能地和数据集中的数据一样,就是所谓的同样的数据分布。那么我们要做的就是最小化生成模型的误差,即只将由 $G(z)$ 产生的误差传给生成模型。

但是针对判别模型的预测结果,要对梯度变化的方向进行调整。当判别模型认为 $G(z)$ 输出为真实数据集和认为输出为噪声数据时,梯度更新方向要进行调整。

即最终的损失函数为:

$$(1-y)\lg(1-D(G(z)))(2*\overline{D}(G(z))-1) \tag{8-6}$$

其中,$\overline{D}$ 表示判别模型的预测类别,对预测概率取整,为 0 或者 1.用于更改梯度方向,阈值可以自己设置,默认是 0.5。

(4)反向传播

我们已经得到了生成模型和判别模型的损失函数,这样分开看其实就是两个单独的模型,针对不同的模型可以按照自己的需要去实现不同的误差修正,我们也可以选择最常用的 BP 作为误差修正算法,更新模型参数。

生成对抗网络的生成模型和判别模型是没有任何限制,生成对抗网络提出的只是一种网络结构,我们可以使用任何的生成模型和判别模型去实现一个生成对抗网络。当得到损失函数后就安装单个模型的更新方法进行修正即可。

8.1.4　小结

本小节主要介绍了生成对抗网络的模型结构,生成对抗网络是由一个生成模型与一个判别模型组成,生成模型负责生成尽可能逼近真实样本的生成样本,而判别模型负责鉴别给定的样本是真实样本还是生成样本,二者相互对抗训练,最终能帮助生成模型产生足够逼真的样本。

8.2 GANs 的简单理论介绍

8.2.1 GANs 的理论灵感

GANs 本质上在做的事情是什么？

我们假设把每一个图片看作二维空间中的一个点，并且现有图片会满足于某个数据分布，我们记作 $P_{data}(x)$。以人脸举例，在很大的一个图像分布空间中，实际上只有很小一部分的区域是人脸图像。如图 8-2 所示，只有在灰色区域采样出的点才会看起来像人脸，而在灰色区域以外的区域采样出的点就不是人脸。今天我们需要做的，就是让机器去找到人脸的分布函数。具体来说，就是我们会有很多人脸图片数据，我们观测这些数据的分布，大致能猜测到哪些区域出现人脸图片数据的概率比较高，但是如果让我们找出一个具体的定义式，去描述这些人脸图片数据的分布规律，我们是没有办法做到的。但是如今，我们有了机器学习，希望机器能够学习到这样一个分布规律，并能够给出一个极致贴合的表达式，如图 8-3 所示。

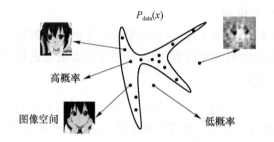

图 8-2　图像空间分布

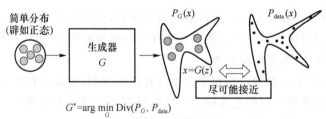

$$G^* = \arg\min_G \mathrm{Div}(P_G, P_{data})$$

Div 表示 P_G 与 P_{data} 间的散度如何去计算散度呢？

图 8-3　生成器的目标表达式

我们不介绍传统的数学方法求解了，下面考虑引用神经网络。

我们把这个神经网络称作生成器。通过上述的分析我们知道，我们需要训练出这样的生成器，对于一个已知分布的数据 z，它可以把数据 z 转化成一个未知分布的数据 x，这个未知分布可以与 z 所在的分布完全不一样，我们把它称作 $P_G(x)$，并且我们希望 $P_G(x)$ 与 $P_{data}(x)$ 之间的距离散度（Divergence，下称 Div）越小越好。如果能找到这样的 P_G，那也就意味着我们找到了真实数据分布 $P_{\text{data}}(x)$ 的近似解,也就意味着我们能够生成各种各样符合真实分布规律的数据。

现在一个最关键的问题是,这个 Div 要如何计算出来呢?理论上我们不知道 $P_G(x)$ 是什么,我们也不知道 $P_{\text{data}}(x)$ 是什么,因此 Div 是我们无法计算的。但是,人无法计算的东西,交给神经网络或许就知道如何计算了。于是,我们新建了一个神经网络,专门来量 $P_G(x)$ 与 $P_{\text{data}}(x)$ 之间的 Div,这个神经网络称为判别器。

如图 8-4 所示,深灰色星星是从 P_{data} 中采样出的数据,浅灰色星星是从 P_G 中采样出的数据,现在交给判别器去判别读入数据是来自 P_G 还是 P_{data},实际上就是在衡量 P_G 与 P_{data} 之间的 Div,因为二者之间的 Div 越大,判别器就会给 P_G 的数据更低的分数,给 P_{data} 的数据更高的分数;而如果二者之间的 Div 越小,判别器给二者的分数就会越接近;当 P_G 与 P_{data} 完全一致时,也就是 Div=0 时,判别器给二者的分数就都是 0.5 了。

图 8-4　判别器的采样过程

当然,上述只是我们直观上觉得,判别器与 Div 有关。下面我们需要用数学方法证明:判别器真的可以衡量 Div 的值。

8.2.2　GANs 的理论证明

我们先来看一下判别器的目标式:
$$V(G,D)=E_{x\sim P_{\text{data}}}[\lg D(x)]+E_{x\sim P_G}[\lg(1-D(x))] \tag{8-7}$$
训练:
$$D^{*}=\arg\max_{D}V(D,G)$$

这个式子很好理解,如果来源 $x\sim P_{\text{data}}$,$D(x)$ 尽可能高;如果来源 $x\sim P_G$,$D(x)$ 尽可能低。下面我们求解一下这个目标式。

首先将目标式转化为一个积分:
$$V=E_{x\sim P_{\text{data}}}[\lg D(x)]+E_{x\sim P_G}[\lg(1-D(x))]$$
$$=\int_x P_{\text{data}}(x)\lg D(x)\mathrm{d}x+\int_x P_G(x)\lg(1-D(x))\mathrm{d}x$$
$$=\int_x[P_{\text{data}}(x)\lg D(x)+P_G(x)\lg(1-D(x))]\mathrm{d}x \tag{8-8}$$

我们假设 $D(x)$ 可以是任意函数。那么现在这个表达式,对于所有的 x,计算出一个表达式 $P_{\text{data}}(x)\lg D(x)+P_G(x)\lg(1-D(x))$,使得所有表达式的积分求和最大,这等价于,如果对于每一个表达式 $P_{\text{data}}(x)\lg D(x)+P_G(x)\lg(1-D(x))$,我们能找到一个 D 的取值 D^*,使得这个表达式的值最大,那么最终所有表达式的积分求和也最大,即:
$$P_{\text{data}}(x)\lg D(x)+P_G(x)\lg(1-D(x)) \tag{8-9}$$

这个方程的求解非常容易,最后的结果是:

$$D^*(x) = \frac{P_{\text{data}}(x)}{P_{\text{data}}(x) + P_G(x)} \tag{8-10}$$

现在把 $D^*(x)$ 代入目标表达式中得到:

$$\max_D V(G,D) = V(G,D^*)$$

$$= E_{x \sim P_{\text{data}}} \left[\lg \frac{P_{\text{data}}(x)}{P_{\text{data}}(x) + P_G(x)} \right] +$$

$$E_{x \sim P_G} \left[\lg \frac{P_G(x)}{P_{\text{data}}(x) + P_G(x)} \right]$$

$$= \int_x P_{\text{data}}(x) \lg \frac{P_{\text{data}}(x)}{P_{\text{data}}(x) + P_G(x)} \mathrm{d}x +$$

$$\int_x P_G(x) \lg \frac{P_G(x)}{P_{\text{data}}(x) + P_G(x)} \mathrm{d}x \tag{8-11}$$

进一步变形(分子分母同除以 2),转化为:

$$\max_D V(G,D) = V(G,D^*)$$

$$= -2\lg 2 + \int_x P_{\text{data}}(x) \lg \frac{P_{\text{data}}(x)}{(P_{\text{data}}(x) + P_G(x))/2} \mathrm{d}x +$$

$$\int_x P_G(x) \lg \frac{P_G(x)}{(P_{\text{data}}(x) + P_G(x))/2} \mathrm{d}x \tag{8-12}$$

这个表达式等价为:

$$\max_D V(G,D) = V(G,D^*)$$

$$= -2\lg 2 + \text{KL}\left(P_{\text{data}} \,\Big\|\, \frac{P_{\text{data}} + P_G}{2} \right) + \text{KL}\left(P_G \,\Big\|\, \frac{P_{\text{data}} + P_G}{2} \right)$$

$$= -2\lg 2 + 2\text{JSD}(P_{\text{data}} \| P_G) \tag{8-13}$$

至此,我们证明了,最大化 $V(G,D)$ 问题的求解实际上就是在求解 P_{data} 与 P_G 之间 JS Div 的值(与前面提到的 KL Div 可以认为是等效的)。

于是,我们可以再回到生成器要解决的问题上:

$$\arg \min_G \text{Div}(P_G, P_{\text{data}}) \tag{8-14}$$

生成器的目的是让产生数据 P_G 与真实数据 P_{data} 之间的 Div 最小,本来 Div 是没有办法计算的,但是现在有了判别器之后,Div 变得可以计算了,于是生成器的新的目标表达式变为:

$$\arg \min_G \text{Div}(P_G, P_{\text{data}}) \max_D V(G,D) \tag{8-15}$$

接下来我们需要求解这个表达式。值得注意的是,在实际的网络训练中,判别器与生成器是交替训练的,并且是先训练判别器再训练生成器,因此,当生成器需要求解上述表达式的时候,判别器是已经训练好的,于是 $\max\limits_D V(G,D)$ 这个式子就可以写成 $L(G)$,目标表达式就转化成:

$$G^* = \arg \min_G L(G) \tag{8-16}$$

这是一个最初级的目标表达式,用基本的梯度下降就能求解 G^*:

$$\theta_G \leftarrow \theta_G - \eta \partial L(G)/\partial \theta_G \tag{8-17}$$

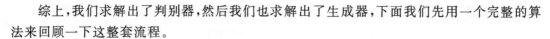

综上,我们求解出了判别器,然后我们也求解出了生成器,下面我们先用一个完整的算法来回顾一下这整套流程。

在每一个训练周期中:

- 从数据分布 $P_{\text{data}}(x)$ 中采样出 m 个样本 $\{x^1,x^2,\cdots,x^m\}$
- 从先验分布 $P_{\text{prior}}(z)$ 中采样出 m 个噪音样本 $\{z^1,z^2,\cdots,z^m\}$
- 获取生成样本 $\{\tilde{x}^1,\tilde{x}^2,\cdots,\tilde{x}^m\}$,其中 $\tilde{x}^i=G(z^i)$
- 更新判别器的参数 θ_d 以至于最大化下式:

$$\tilde{V} = \frac{1}{m}\sum_{i=1}^{m}\lg D(x^i) + \frac{1}{m}\sum_{i=1}^{m}\lg(1-D(\tilde{x}^i))$$

$$\theta_d \leftarrow \theta_d + \eta\,\nabla\tilde{V}(\theta_d)$$

- 从先验分布 $P_{\text{prior}}(z)$ 中采样出其他 m 个噪音样本 $\{z^1,z^2,\cdots,z^m\}$
- 更新生成器的参数 θ_g 以至于最小化下式:

$$\tilde{V} = \frac{1}{m}\sum_{i=1}^{m}\lg(1-D(G(z^i)))$$

$$\theta_g \leftarrow \theta_g - \eta\,\nabla\tilde{V}(\theta_g)$$

第一个部分是训练判别器,先从真实数据分布 $P_{\text{data}}(x)$ 中抽样 x,然后从先验分布中抽样 z,并通过生成器产生仿造数据 $\tilde{x}$,接着把 x 和 $\tilde{x}$ 丢入判别器中训练,使得目标函数 $\tilde{V}$ 最大;第二个部分是训练生成器,从先验分布中抽样新的 z,接着把 z 丢入生成器中训练,使得目标函数 $\tilde{V}$ 最小。这样循环交替,最终生成器产生的数据 $\tilde{x}$ 就会越来越接近真实数据 x。

8.2.3　小结

本小节我们介绍了 GANs 的基础理论,GANs 最开始只构建了一个生成网络,负责把一个简单的采样转化为一张生成的图片,我们希望生成图片与真实图片能够越接近越好,但是由于二者间距离难以计算,我们又引入了一个判别网络来帮助我们计算生成图片与真实图片的距离。通过理论证明,这个距离是 JS Divergence,从而得知判别器能够给生成器提供正确的梯度引导,最终实现我们所期望的生成模型。

8.3　GANs 的应用

GANs 的应用是非常丰富的,本节会选择 4 个有意思的应用,分别是文本转图像的模型——CGAN,改变照片风格的模型——CycleGAN,局部变脸的模型——StarGAN 以及定制图片生成效果的模型——InfoGAN,希望通过这些模型让读者领会到对抗学习的有趣思维。

8.3.1　文本转图像——CGAN

假设现在要做一个项目:输入一段文字,输出一张图片,要让这张图片足够清晰并且符合这段文字的描述,如图 8-5 所示。我们搭建一个传统的 NeuralNetwork(下称 NN)去训练。

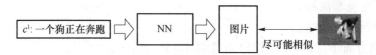

图 8-5　文本转图像示意图

考虑输入的文字是"train",希望 NN 能输出清晰的火车照片,那在数据集中,图 8-6(a)是正面的火车,它们都是正确的火车图片;图 8-6(b)是侧面的火车,它们也都是正确的火车。

在训练这个 NN 时,火车既要长得像图(a),也要长得像图(b),那最终网络的 output 就会变成这一大堆图片的平均,可想而知那会是一张非常模糊并且错误的照片。

(a)　　　　　　　　　　　　　(b)

图 8-6　火车的正面和侧面照

于是需要引入 GANs 技术来保证 NN 产生清晰准确的照片。

我们把原始的 NN 称为 G(Generator)。现在它给定两个输入,一个是条件 word: c,另外一个是从原始图片中采样出的分布 z,它的输出是一个 image: x,它希望这个 x 尽可能地符合条件 c 的描述,同时足够清晰,如图 8-7 所示。

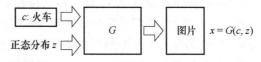

图 8-7　Generator 的输入和输出

在 GANs 中为了保证输出 image 的质量会引入一个 D(Discriminator),这个 D 用来判断输入的 x 是真实图片还是伪造图片,如图 8-8 所示。

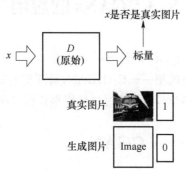

图 8-8　引入判别器的作用

但是传统 GANs 只能保证让 x 尽可能地像真实图片,它忽略了让 x 符合条件描述 c 的要求。于是,为了解决这一问题,CGAN 便被提出了。

1. CGAN 的原理

我们的目的是,既要让输出的图片真实,也要让输出的图片符合条件 c 的描述。如图 8-9 所示,判别器的输入便被改成了同时输入 c 和 x,输出要做两件事情,一个是判断 x 是否是真实图片,另一个是判断 x 和 c 是否是匹配的。

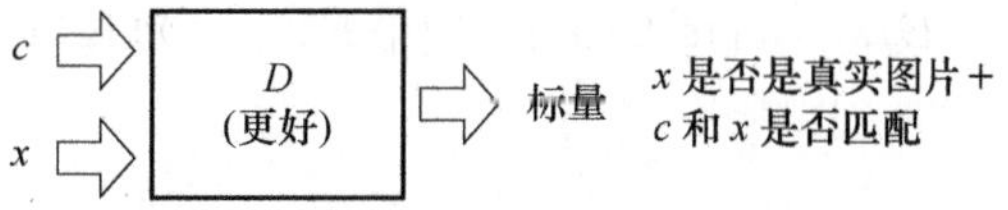

c ⇨ | D（更好） | ⇨ 标量 | x 是否是真实图片 + c 和 x 是否匹配
x ⇨

图 8-9　判别器的作用

比如说,在图 8-10 所示的情况中,条件 c 是 train,图片 x 也是一张清晰的火车照片,那么 D 的输出就会是 1。

而在图 8-11 所示的两个情况中,左边虽然输出图片清晰,但不符合条件 c;右边输出图片不真实。因此,两种情况下 D 的输出都会是 0。

(火车,　) 1　　　　　　(猫,　) 0　　(火车, 图片) 0

图 8-10　正确配对示意 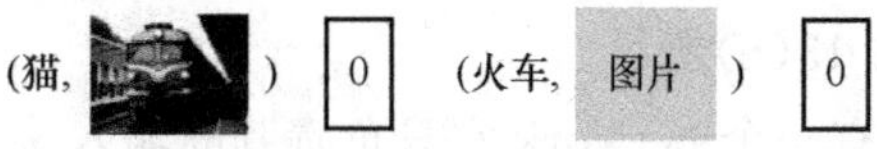　　　　　　图 8-11　错误配对示意

那 CGAN 的基本思路就是这样,下面我们具体看一下 CGAN 的算法实现。

2. CGAN 的算法实现

因为 CGAN 是监督学习,采样的每一项都是文字和图片的 pair。CGAN 的核心就是判断什么样的 pair 给高分,什么样的 pair 给低分。

如图 8-12 所示,我们先关注判别器:

$$\tilde{V} = \frac{1}{m}\sum_{i=1}^{m} \lg D(c^i, x^i) + \frac{1}{m}\sum_{i=1}^{m} \lg(1 - D(c^i, \tilde{x}^i)) + \frac{1}{m}\sum_{i=1}^{m} \lg(1 - D(c^i, \hat{x}^i)) \quad (8\text{-}18)$$

第一项是正确条件与真实图片的 pair,应该给高分;第二项是正确条件与仿造图片的 pair,应该给低分(于是加上了"~");第三项是错误条件与真实图片的 pair,也应该给低分。

可以明显地看出,CGAN 与 GANs 在判别器上的不同之处就是多出了第三项。

- 在每一个训练周期中:
- 从数据库中采样出 m 个正样本对 $\{(c^1, x^1),(c^2, x^2),\cdots,(c^m, x^m)\}$
- 从先验分布中采样出 m 个噪音样本 $\{z^1, z^2,\cdots, z^m\}$
- 获取生成数据 $\{\tilde{x}^1, \tilde{x}^2,\cdots, \tilde{x}^m\}$,其中 $\tilde{x}^i = G(c^i, z^i)$
- 从数据库中获得 m 个目标 $\{\hat{x}^1, \hat{x}^2,\cdots, \hat{x}^m\}$
- 更新判别器的参数 θ_d 以最大化下式:
  - $\hat{V} = \frac{1}{m}\sum_{i=1}^{m} \lg D(c^i, x^i) + \frac{1}{m}\sum_{i=1}^{m} \lg(1 - D(c^i, \tilde{x}^i)) + \frac{1}{m}\sum_{i=1}^{m} \lg(1 - D(c^i, \hat{x}^i))$
  - $\theta_d \leftarrow \theta_d + \eta \nabla \hat{V}(\theta_d)$
- 从先验分布中采样出 m 个噪音样本 $\{z^1, z^2,\cdots, z^m\}$
- 从数据库中采样出 m 个条件向量 $\{c^1, c^2,\cdots, c^m\}$
- 更新生成器的参数 θ_g 以最大化下式:
  - $\hat{V} = \frac{1}{m}\sum_{i=1}^{m} \lg(D(G(c^i, z^i))), \theta_g \leftarrow \theta_g - \eta \nabla \hat{V}(\theta_g)$

图 8-12　CGAN 的算法实现

下面再关注一下生成器：

$$\widetilde{V} = \frac{1}{m}\sum_{i=1}^{m}\lg(D(G(c^i,z^i)))\tag{8-19}$$

生成器的目的是让判别器给仿造图片的得分越高越好，这与传统 GANs 本质上是一致的，只是在输入上多了一个参数 c。

CGAN 的最终目标表达式写为：

$$\min_{G}\max_{D}V(D,G) = E_{x\sim p_{\mathrm{dt}}(x)}[\lg D(x\mid y)] + E_{z\sim p_z}(z)[\lg(1-D(G(z\mid y)))]\tag{8-20}$$

3. CGAN 的讨论

大部分的 CGAN 判别器都采用如图 8-13(a)所示架构，为了把图片和条件结合在一起，往往会把 x 丢入一个 network 产生一个 embedding，把 condition 也丢入一个 network 产生一个 embedding，然后把这两个 embedding 拼在一起丢入一个 network 中，这个 network 既要判断第一个 embedding 是否真实，同时也要判断两个 embedding 是否逻辑上匹配，最终给出一个分数。但是也有一种 CGAN 采用了另外一种架构，并且这种架构的效果是不错的，如图 8-13(b)所示。

首先有一个 network 它只负责判断输入 x 是否是一个真实的图片，并且同时产生一个 embedding，与 c 一同传给第二个 network；然后第二个 network 只需判断 x 和 c 是否匹配。最终两个 network 的打分依据模型需求进行加权筛选即可。

图 8-13(b)所示模型有一个明显的好处就是判别器能区分出为什么这样的 pair 会得低分，它能反馈给生成器得低分的原因是 c 不匹配还是 x 不够真实；然而对图 8-13(a)所示模型而言它只知道这样的 pair 得分低却不知道得分低的原因是什么，这会导致生成器产生的图片已经足够清晰了，但是因为不匹配 c 而得了低分，而生成器不知道得分低的原因是什么，依然以为是产生的图片不够清晰，从而有可能朝着错误的方向迭代。不过，目前第一种模型还是被广泛应用的，事实上二者的差异在实际应用中也不是特别明显。

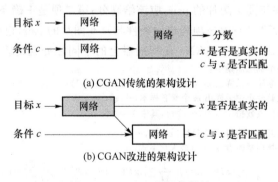

(a) CGAN 传统的架构设计

(b) CGAN 改进的架构设计

图 8-13　CGAN 的架构设计

8.3.2　照片风格转化——CycleGAN

假设我们现在要训练一个风格迁移的神经网络（如图 8-14 所示），也就是说输入一张图片,输出一张与它风格不同的图片,比如说输出一张具有泛古抽象质感的图片。

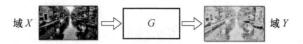

图 8-14　风格迁移的神经网络

那么我们考虑应用 GANs 技术。一个很自然的想法是给它增添一个判别器(如图 8-15 所示),这个判别器用来判别输入的图像是真实的还是 G 伪造的。

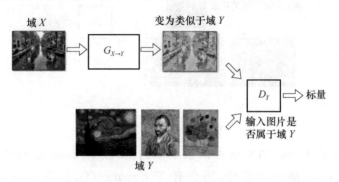

图 8-15　增添判别器以初步实现风格迁移

这个架构看似合理,但是会有一些潜在的危险。在生成器很深时,它的输出和输入差别可能非常大,存在一种情况是当输出图像靠近真实分布 Y 里的某一张图像时,生成器就发现了一个 BUG,它的输出越逼近这张真实图像,判别器给的评分就越高,于是生成器最终可以完全忽略输入长什么样,输出这张偷学到的真实图片,就能产生"高质量"图片(如图 8-16 所示)。

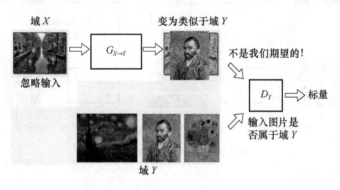

图 8-16　架构存在的潜在危险

为了消除这种潜在危险,CycleGAN 诞生了。

1. CycleGAN 的原理

为了防止生成器学习到具有欺骗性的造假数据,我们只需要保证生成器的输出和原图具有很高的相似性,也就是不丢失原图的特征,于是 CycleGAN 中加入了一个新的生成器,把第一个生成器的输出当作输入丢进去,希望能输出一个和原始输入尽可能相似的图片,如果能够比较好地还原回原始图片,证明第一个生成器的输出保留了大量原始图片的特征,输出结果是较为可靠的;而如果不能较好地还原回原始图片,意味着第一个生成器可能使用了"造假"的输出结果。

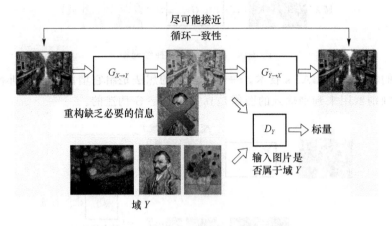

图 8-17 架构示意图

如图 8-18 所示,CycleGAN 还可以做成双向的,除 X domain--(G1)--> Y domain--(G2)--> X domain 这样的训练外,还会有 Y domain--(G2)--> X domain--(G1)--> Y domain 这样的训练,在第二种训练中会新引入一个 discriminator,功能同样是保证整个训练的输入和输出尽可能相似。

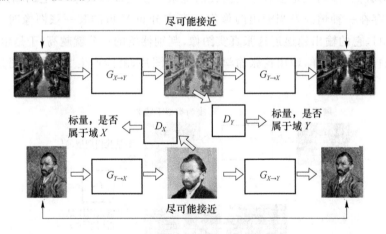

图 8-18 改进的双向 CycleGAN

2. CycleGAN 的讨论

CycleGAN 也不是没有问题。"CycleGAN:a Master of Steganography(隐写术)"[Casey Chu, et al., NIPS workshop, 2017]这篇论文就指出,CycleGAN 存在一种情况——它能学会把输入的某些部分藏起来,然后在输出的时候再还原回来,如图 8-19 所示。

可以看到,在经过第一个生成器时,屋顶的黑色斑点不见了,但是在经过第二个生成器之后,屋顶的黑色斑点又被还原回来了。这其实意味着,第一个生成器并没有遗失掉屋顶有黑色斑点这一讯息,它只是用一种人眼看不出的方式将这一讯息隐藏在输出的图片中(例如,黑点数值改得非常小),而第二个生成器在训练过程中也学习到了提取这种隐藏讯息的

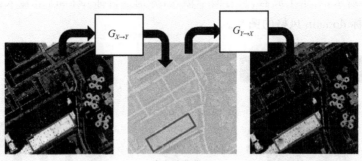

图 8-19　CycleGAN 的潜在"隐写术"

方式。那生成器隐藏讯息的目的是什么呢？其实很简单，隐藏掉一些破坏风格相似性的"坏点"会更容易获得判别器的高分，而从判别器那里拿高分是生成器唯一的目的。

综上，CycleGAN 宣称的 CycleConsistency 其实是不一定能完全保持的，毕竟生成器的学习能力非常强大，即便人为地赋予它诸多限制，它也有可能学到一些 trick 去产生一些其实并不太符合人们要求的输出结果。

8.3.3　局部变脸术——StarGAN

有时候我们可能希望图片能在 n 个 domain 当中互转，那依据 CycleGAN 的设计思路，理论上我们需要训练 $2 * C_n^2$ 个生成器，如图 8-20 所示。

很明显这需要训练的生成器太多了。那为了用更少的生成器实现多个风格之间的互转，StarGAN 被提出了。

1. StarGAN 的原理

StarGAN 在设计的时候就希望只用一个生成器（如图 8-21 所示）去实现所有 domain 之间的互转。

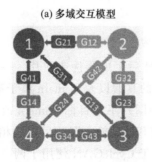

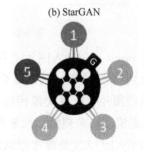

图 8-20　StarGAN 示意图　　　　图 8-21　StarGAN 生成器示意图

如图 8-22 所示，对于判别器，它的输入是一张图片，它需要去鉴别出这张图片是真实图片还是生成器产生的图片，同时它还需要分辨出这张输入的图片来自于哪个 domain（哪种风格）。

如图 8-23 所示,对于生成器,它有两个输入,分别是目标 domain 和输入图片,它的输出是一张符合目标 domain 风格的图片。

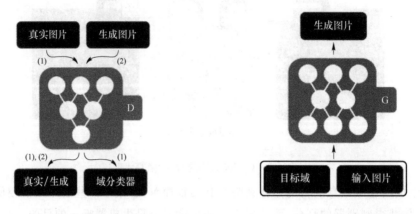

图 8-22　StarGAN 判别器示意图　　　　图 8-23　StarGAN 生成器多输入示意图

整个训练架构如图 8-24 所示。

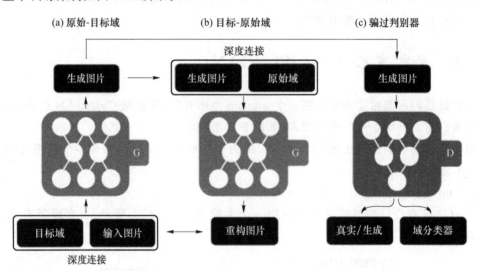

图 8-24　StarGAN 组合架构示意图

首先目标 domain 和输入图片会被输入生成器,然后生成器伪造图片。一方面伪造的图片会被传给判别器(右图),判别器会判别这张图片的真假以及 domain 属于哪个类别;另一方面这个伪造图片会被再次传回给这个生成器(中图),不过目标 domain 改成了原始的来源 domain,那模型会希望第二次输出的图片能和最开始的输入图片尽可能相似。其实整个训练流程与 CycleGAN 是非常相似的,不同之处在于 CycleGAN 使用了两个生成器做风格的来回变换,而在 StarGAN 中仅使用了一个生成器来实现这一变换。

2. StarGAN 的实现举例

我们用一个实例来说明 StarGAN 的具体训练方式。

如图 8-25 所示,domain 的定义在 StarGAN 中是用一个 vector 表示的,譬如:

如果一个 domain 表示为 00101 00000 10，那么这是一个 CelebA 的 label，并且这个 domain 的风格是棕发年轻女性。如果要转移到黑发年轻男性的风格，那么训练过程如图 8-26 所示。

CelebA 标签	RaFD 标签	遮罩向量
黑色/金色/棕色/男性/年轻	生气/害怕/开心/伤心/厌恶	CelebA / RaFD

图 8-25　StarGAN 中 domain 的表示

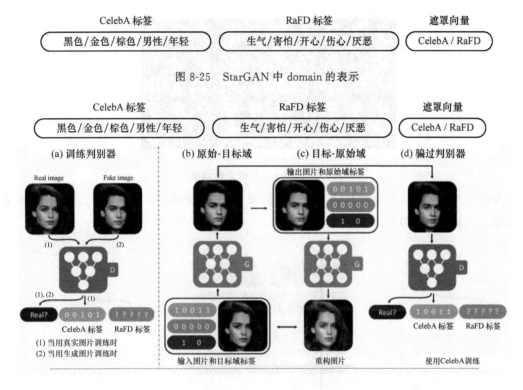

图 8-26　StarGAN 的风格迁移实例

首先原始图片被丢入这个生成器中，target domain 是 10011（黑发年轻男性），然后生成器就会产生一个黑发年轻男性的图片，接着这张图片又会再次被丢进这个生成器中，但是 target domain 改成了 00101（棕发年轻女性），然后生成器就会产生一个棕发年轻女性的图片，StarGAN 希望这张图片和原始的输入的棕发年轻女性的图片尽可能相似，此处用到的 loss 就是 CycleGAN 当中的 loss。第一次生成器产生的黑发年轻男性图会传给判别器，判别器一方面要判断这张图的真假，另一方面要判断出这张图的 domain，若判断结果是 10011 则证明这张图的效果是好的。

上述就是 StarGAN 的实现过程，它能实现多种风格的互转，其模型小巧且高效。

8.3.4　定制图片生成——InfoGAN

我们知道 GANs 能实现从先验分布到目标分布的生成过程，通常 GANs 的输入是先验分布的随机抽样，这意味着 GANs 的输出也是随机的。现在我们不想让 GANs 随机生成图片，我们希望通过控制输入的参数去生成特定的图片。以手写数字图片的生成为例，我们希望调整输入的参数，从而控制输出的数字、高度以及形状等。

首先研究输入的每一个维度对输出的影响，先看图 8-27。

这是我们在传统 GANs 上做的实验,调整输入向量某一维度上的取值,得到了上面的输出。我们发现,随着输入的逐渐变化,输出的结果是变来变去且非常跳跃的。比如一开始输出 7,随着调整变成输出 0,接着又变成输出 7,似乎非常没有规律可言。

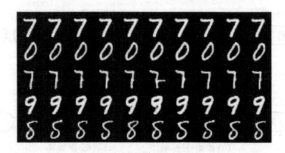

图 8-27　InfoGAN 的实验结果

为什么会出现这样的情况?为了直观地解释,我们假设输入的向量只有二维,我们本来希望输入向量对应的特征分布如图 8-28 所示。

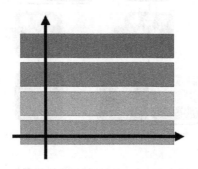

图 8-28　理想的特征分布情况

如果这样分布,改变一个参数对应输出图像的变化是非常规律的,我们就能非常有效地控制输出。但是实际上,因为 GANs 强大的拟合能力,它学习到的输入向量对应的特征分布可以非常复杂,如图 8-29 所示。

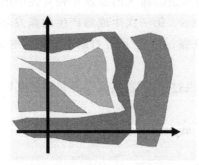

图 8-29　实际的特征分布情况

在这种情况下,输出图片的某个特征是由输入的很多维控制的,我们想要通过调整输入去控制这些特征就非常困难。为了解决这种问题,InfoGAN 被提出了。

1．InfoGAN 的原理

传统 GANs 的问题就是输入的向量对于输出的影响不明确，现在我们人为地要求输入的向量对于输出的影响必须明确。InfoGAN 的做法是，把输入的向量 z 拆分成子向量 c 和子向量 z'，其中子向量 c 就是明确地要对输出产生影响的部分。换言之，所有的输出都要受到 c 的影响，也就是所有的输出都含有 c 的信息，这等价于所有的输出都能通过一个 classifier 提取出原始的 c 的信息，如图 8-30 所示。

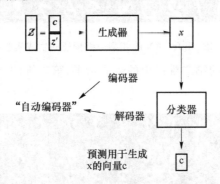

图 8-30　InfoGAN 增加的分类器

图 8-31 的这个结构，类似于一个 auto-encoder 结构，它保证了所有的输出 x 都直接受到向量 c 的影响。但是这样的结构，不能够保证输出图像 x 的真实度，因此必须增加一个判别器。这个判别器同时也能防止生成器的作弊行为：直接原封不动地把向量 c 放在输出 x 当中，这样 classifier 就能直接提取出信息 c；因此增添判别器是必要的。最终 InfoGAN 的结构图如图 8-31 所示。

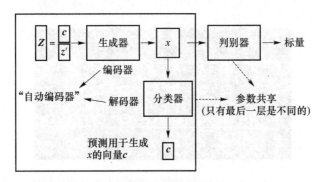

图 8-31　InfoGAN 的完整架构示意图

其中，classifier 与判别器是同一个输入，因此最初的几层 layer 可以参数共享。值得一提的是，这个向量 c 的维数完全由用户定，取决于用户希望最终图片 x 被划分为多少类。被划分的每一类具体长什么样，完全是由生成器和 classifier 共同学习的。我们能够确定的是，最终得到的分类一定是在特征差异最大的地方做的划分。

为了理解向量 c 的作用，我们看一下 InfoGAN 在手写数字图片生成上的实验结果。

2．InfoGAN 的实验结果

图 8-32 是改变向量 c 的第一维产生的生成结果。我们发现，第一维的功能是直接决定生成的数字；同时，第一维也是在特征差异最大的地方做划分的结果。

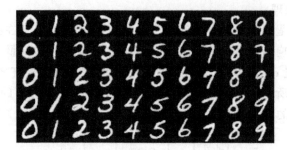

图 8-32　InfoGAN 改变第一维特征的生成实验结果

图 8-33 是改变向量 c 的第二维产生的生成结果,第二维的功能是决定生成数字的倾斜角度。

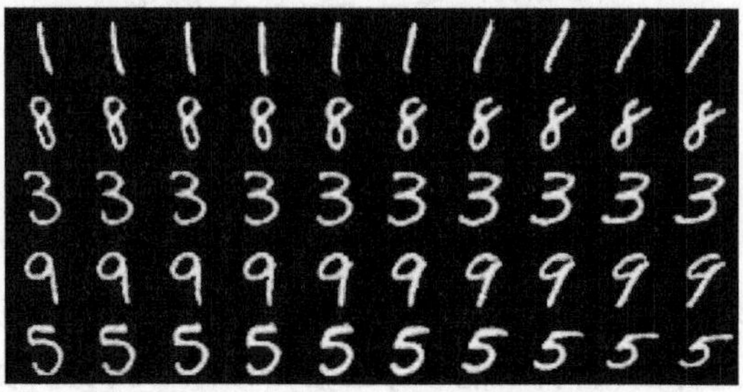

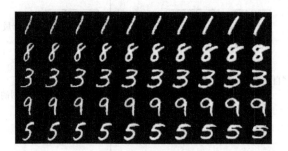

图 8-33　InfoGAN 改变第二维特征的生成实验结果

图 8-34 是改变向量 c 的第三维产生的生成结果,第三维的功能是决定生成数字的粗细程度。

图 8-34　InfoGAN 改变第三维特征的生成实验结果

综上,InfoGAN 确实可以对生成结果做出稳定的划分,并且能通过控制输入去产生特定的输出结果。

8.3.5　小结

本小节介绍了 GANs 的 4 个应用,回归到 GANs 的本质,它是一种生成模型,实现的是从一种分布到另一种分布的转化,因此当我们需要实现两种具有鲜明特征的图像转化或者需要生成某种类型的图片时,我们就可以考虑使用生成对抗网络,它会是一种非常有用的工具。

8.4　本章总结

本章较为简易地介绍了生成对抗网络。8.1 节介绍了 GANs 的模型架构,也就是将生成模型与判别模型组合在一起,实现对抗训练;8.2 节从理论上解释了这样的模型架构的运行原理,并证明出它是能够生效的;8.3 节介绍了 GANs 的 4 个应用实例,用实践的示例进一步展示对抗网络的巧妙思维。

本章思考题

(1) GANs 的基本设计思想是什么?

(2) 生成模型是什么? 在 GANs 的理论推导中,生成模型的作用是什么?

(3) 判别模型是什么? 在 GANs 的理论推导中,判别模型的作用是什么?

(4) GANs 为何需要两种模型? 只用生成模型能实现图像生成吗? 只用判别模型能实现图像生成吗?

(5) * 在 GANs 的理论中,研究图像与图像间的规律,为何要上升到研究复杂的分布变化关系? 晦涩的数学式子与直观的图像感受之间的关系是什么?

(6) 在 GANs 训练中,通常是先训练判别器再训练生成器并依次交替,反过来可以吗(即先训练生成器再训练判别器)? 为什么?

(7) (模型设计题)大部分的 CGAN 判别器都采用下述架构,为了把图片和条件结合在一起,往往会把 x 丢入一个 Network 产生一个 embedding,condition 也丢入一个 Network 产生一个 embedding,然后把这两个 embedding 拼在一起丢入一个 Network 中,这个网络既要判断第一个 embedding 是否真实,同时也要判断两个 embedding 是否逻辑上匹配,最终给出一个分数,如图 8-35 所示。

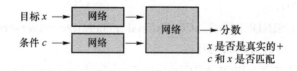

图 8-35　原始的模型设计

但是这样的模型会有一个问题,就是对于坏的输入,它只知道这样的 pair 得分低却不知道得分低的原因是什么,这会造成生成器产生的图片已经足够清晰了,但是因为不匹配 c 而得了低分(譬如,火车的图＋条件"猫"),而生成器不知道得分低的原因是什么,依然以为是产生的图片不够清晰,从而有可能朝着错误的方向迭代。

对此,你有没有什么改进的想法能够解决这一问题?

(8) (模型设计题)我们现在要解决一个新的问题,就是希望能实现真实人物到动漫人物的风格变换,不过因为这个风格差异比较大,CycleGAN 没有能力实现这样的变换(它只能实现棕马变斑马这样的小变换），于是我们考虑采用自动编码器-解码器架构，如图 8-36 所示。

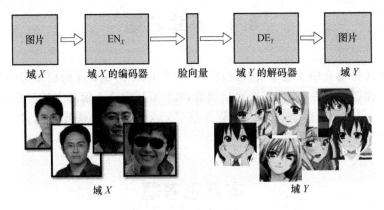

图 8-36　用自动编码器-解码器实现 CycleGAN

它能够实现通过 Encoder 提取出人物的脸部特征码，然后通过 Decoder 还原为另一种风格的人物。现在，借助 CycleGAN 的设计思想，设计一个模型和训练方案。能够使用的器件有：若干 Image 块、若干 Encoder 块、若干 Face Attribute 块、若干 Decoder 块以及若干自定义判别器块。完成模型搭建和训练方案的设计，要求训练完成后：

① 真人图片能走一条由设计者标记的道路变成动漫图片；

② 动漫图片能走一条由设计者标记的道路变成真人图片；

③ 不论是真人变动漫，还是动漫变真人，变换后的人物都要和原始的人物足够相似；

④ 使用的器件数量尽可能少。

本章参考文献

[1]　RADFORD A，METZ L，CHINTALA S. Unsupervised representation learning with deep convolutional generative adversarial networks[J]. arXiv preprint arXiv：1511.06434，2015.

[2]　MIRZA M，OSINDERO S. Conditional generative adversarial nets[J]. arXiv preprint arXiv：1411.1784，2014.

[3]　ZHU J Y，PARK T，ISOLA P，et al. Unpaired image-to-image translation using cycle-consistent adversarial networks[C] Proceedings of the IEEE international conference on computer vision. 2017：2223-2232.

[4]　CHOI Y，CHOI M，KIM M，et al. Stargan：Unified generative adversarial networks for multi-domain image-to-image translation[C] Proceedings of the IEEE Conference on Computer Vision and Pattern Recognition. 2018：8789-8797.

[5]　CHEN X，DUAN Y，HOUTHOOFT R，et al. Infogan：Interpretable representation learning by information maximizing generative adversarial nets[C] Advances in neural information processing systems. 2016：2172-2180.

参考文献——GANs 原始论文

参考文献——CGAN 原始论文

参考文献——CycleGAN 原始论文

参考文献——StarGAN 原始论文

参考文献——InfoGAN 原始论文